武汉大学规划教材建设项目资助出版

机械专业
综合实验教程

主　编　张志强　刘　照　肖晓晖
副主编　周圣军　郭　朝
参　编　宋崇杰　陈志华　胡基才

武汉大学出版社

图书在版编目(CIP)数据

机械专业综合实验教程/张志强,刘照,肖晓晖主编.—武汉：武汉大学出版社,2021.5
ISBN 978-7-307-22226-7

Ⅰ.机…　Ⅱ.①张…　②刘…　③肖…　Ⅲ.机械工程—高等学校—教材　Ⅳ.TH

中国版本图书馆CIP数据核字(2021)第063277号

责任编辑:杨晓露　　责任校对:李孟潇　　版式设计:马　佳

出版发行：**武汉大学出版社**　(430072　武昌　珞珈山)
(电子邮箱：cbs22@whu.edu.cn　网址：www.wdp.com.cn)
印刷:湖北恒泰印务有限公司
开本:787×1092　1/16　印张:10　字数:234千字　插页:1
版次:2021年5月第1版　2021年5月第1次印刷
ISBN 978-7-307-22226-7　定价:29.00元

前　言

“新工科”建设和工程教育专业认证的推进，“中国制造 2025”“互联网+”等重大战略计划的实施，以及传统产业的转型与发展，都对高校工科人才的培养质量、知识结构、实践能力等提出了更高要求。但在当前的高校人才培养工作中，实践教学环节比较薄弱，严重制约了教学质量的提高和难以保证人才培养的质量。现有机械类实验项目中缺少设计性、创新性和综合性实验，尤其是反映学科发展新成果的实验还比较少。实验教材比较缺乏，实验指导书仅仅对实验原理和实验步骤给出了简要说明，而对实验中的共性理论背景等问题没有加以总结归纳和提高，学生只是为做实验而做实验，不能真正从实验中获得启发和锻炼。

面向机械类专业编写的《机械专业综合实验教程》就是为顺应现代高科技人才需求而开发的实验类教材。本教材不仅提供了一些融合最新学科发展知识的创新性综合实验，以锻炼学生的系统连接、编程、调试能力，拓展学生的学术视野，还是一本反映学科共性理论的实验辅导书，使学生初步掌握机电系统软硬件设计方法，成为具有机电一体化综合素质的复合型和创新型人才，以满足“新工科”建设背景下对机械专业学生的实践能力培养需求。

本教程共分 3 章，第 1 章是对国内外机械类专业实践教学的介绍；第 2 章是关于实验部分用到的共性理论知识的归纳；第 3 章是实验项目设计。

为保证机械设计制造及其自动化专业学生知识、能力与素质的全面均衡发展，本教材设计了“三个模块、两个层次”共 9 个实验，其中“三个模块”对应于本专业的 3 个培养模块：现代设计、先进制造、智能机器人；“两个层次”即每个模块包括 2 个综合提高型实验和 1 个研究创新型实验。

模块一包括机械传动方案优化综合检测实验、气压传动与 PLC 控制综合实验和逆向工程设计综合实验 3 个实验，其中前 2 个实验属于综合提高型实验，后 1 个实验属于研究创新型实验。

模块二包括智能制造生产线综合实验、激光直写光刻综合实验和增材制造综合实验 3 个实验，其中前 2 个实验属于综合提高型实验，后 1 个实验属于研究创新型实验。

模块三包括工业机器人综合实验、移动机器人实验和多传感器融合人机协作综合实验 3 个实验，其中前 2 个实验属于综合提高型实验，后 1 个实验属于研究创新型实验。

学生按“2+1+1”的模式选择完成实验，即要求学生在自己的专业方向选择 2 个实验，在其他两个方向各选 1 个实验，共 4 个实验。4 个实验中要选择 3 个综合提高型实验，另外再选择 1 个研究创新型实验。

本书第 1~2 章由刘照老师编写，第 3 章由开设各实验项目的肖晓晖、胡基才、宋崇杰、周圣军、郭朝、陈志华老师共同完成，全书统稿由张志强和刘照完成。

限于作者的水平，书中难免存在疏漏之处，恳请广大读者批评指正。

目　　录

第1章　概　　述

1.1　实践教学意义及综合实验教学现状

近年来，随着“新工科”建设和“卓越工程师培养计划”的推进，“中国制造 2025”“互联网+”等重大战略计划的实施，以及传统产业的转型与发展，对高等工科人才的培养质量、知识结构、实践能力、工程意识、工程理念等方面的要求越来越高。理论教学是大学生获得系统的基础知识和基本理论的主要来源，它培养了学生科学的抽象思维能力、演绎和归纳能力、逻辑推理能力、分析问题的能力等。而实践教学不仅可以加深学生对课堂所学理论知识的理解，培养学生对客观世界的观察能力和分析能力，而且对培养学生的实践能力、综合分析能力和创新能力尤其重要。

但是在当前的高校人才培养工作中，实践教学环节十分薄弱，教学理念落后、教学内容陈旧、人员素质亟待提高等，都严重制约了教学质量的提高，因此考虑到实践教学在专业培养体系中呈现出越来越重要的地位，对当前实践教学进行改革也迫在眉睫。作为实践性很强的典型工科专业——机械设计制造及其自动化专业，其学科交叉性强，实践教学对于促使学生加强对理论知识的理解，掌握基本的实验设计方法和操作技能、增强感性认识、贯彻系统性实践的能力等更具有不可替代的作用。

高校目前开设的实验类型包括基础实验、应用实验、综合实验、设计实验以及创新实验 5 个层次，其中综合实验承上启下，是增强学习兴趣、培养学生综合运用各种知识解决实践问题能力、拓展学生创新意识的重要途径。该类实验的建设目的在于通过实验内容、实验方法、实验手段的综合，牢固掌握本课程及相关课程的综合知识，培养学生综合处理问题的能力，达到能力和素质的综合培养与提高，进而从根本上提高专业课教学质量，有助于培养学生的创新意识和创新能力。

以往工科院校的综合实验通常是针对某个具有综合意义的实验系统，开设运用若干知识点进行分析、调试的实验内容，不仅费时、费力，还多半属于原理验证性的、原理与实际相互割裂的实验，学生往往被动地按照实验指导书的安排进行操作，不能调动学生的主观能动性。这种以验证性实验为主的传统实验教学模式已不能满足教学要求，因此，必须对实验教学内容进行优化与调整。

目前作为武汉大学机械专业必修课开设的专业综合实验是以培养学生对机械专业知识的综合运用能力为前提，实验内容不仅是多门专业基础课程和专业课程的综合，还涉及多学科知识的交叉与融合。例如，其中的工业机器人综合实验就涉及机械、电子、电气、计算机等多学科知识的综合运用。

1.2 国外大学机械专业实践教学现状

鉴于欧美高校的机械工程专业教学质量在全球名列前茅，这里以美国、德国、英国为例，来比较归纳国外机械专业实践教学的特色与差异。

1.2.1 美国大学

美国大学的实践教学课程占据了非常大的比重。以密歇根大学工程学院机械系为例，整个本科课程体系包括三大部分：核心课程、必修课程和选修课程。学生的专业必修课共计64个学分，其中实践教学占了36个学分，占比一半以上。该校机械系专业必修课程中的工程实践，包括5门课程，即3门设计课(设计与制造Ⅰ、设计与制造Ⅱ、设计与制造Ⅲ)和2门大实验课(实验与技术交流Ⅰ、实验与技术交流Ⅱ)，这些课程均需要大量时间来完成。密歇根大学非常重视学生工程综合能力的培养和训练，如设计与制造课程(ME450)，从顾客的要求到最后亲手制作产品，每一个环节都要求学生亲身实践。学生受到的是从接受项目、组织实施、做出产品，到最后展示自己作品的一个完整的工程项目训练过程。一般情况下，负责这门课程的教授，提前4~5个月就开始寻找项目，为课程作准备。课程由一名教授总负责，再配备若干名助教，学生按4~5人分成若干小组，分别由一名助教指导。每个星期的一次大课，由教授讲授工程设计基本理论，然后在助教的具体指导下独立完成各自的项目。对一些实践性特别强的课程，比如汽车制造专业的相关课程，则直接聘请著名汽车公司退休的研究员和工程师来授课。在这个过程中，学生亲身经历包括项目设计、加工装配、对外联系、完成产品、展示和推介产品等组织实施一个项目的全过程。可以说，企业实施工程项目的全过程被浓缩在若干实践课程之中，对于培养学生的工程综合能力极为有效。与之相比，国内高校的工程训练较注重的是工程中设计和制作环节的训练，缺乏对工程项目整体的实践和综合运用知识能力的训练[1]。

美国麻省理工学院(MIT)同样将实践教学置于本科教学培养非常重要的地位。MIT的实践教学包括独立自主研究活动(IAP)、实验室课程(Lab)和实习(Internship)三项。①IAP一般是在没有正常上课的月份开展，为期4周。学生独立学习或者研究自己感兴趣的问题。独立自主研究也是正常学制的一部分，这期间学校或者系里鼓励学生参加指定或者自选的课题，也可直接参加学校组织的专门独立自主的研究活动，在校内外进行均可。②实验室课程针对所有学生的共同要求而设。实验课一般设置在相关的课程中，在入学后的前两年完成。在导师的指导下学生要设计实验，选择适宜的测量方法和设备，确定如何获得有效的实验数据，对预期的和实际测量的结果进行比较分析，因此这些实验课都是低年级的基础课程。MIT的学生至少须选择1门12学分或2门6学分的实验课程。③MIT提供各种各样的实习机会，并针对不同年级进行。最为典型的主要有：a. 针对新生的F/ASIP(新生/校友暑期实习计划)：新生入学后第一年夏季学期的实习，该计划注重帮助新生获取实习机会和顺利完成实习的过程；b. 针对大二学生的UPOP(大二学生实践机会计划)：培养他们在各种环境中取得成功的能力[2]。

美国大学的机械基础教育也高度重视学生的实践能力培养，其机械基础课程的教学理念为“从做中学”。以美国加利福尼亚大学圣地亚哥分校“工程图学与设计初步”这门课程为例，在10周约30学时的教学中，紧紧围绕“钟表擒纵机构设计”(在前3周完成)和“机器人设计”(在后7周完成)这两个设计项目，以项目训练带动机械基础理论的学习，使学生初步了解设计的概念、设计思想的工程表达、简单机械装置的结构设计、国家标准的应用、团队合作的方法等[3]。

总体上，美国高校机械专业的实践教学理念先进，重视学生的个性发展，注重提高学生研究问题和解决问题的能力，倡导自主学习和研究，教学成效显著。其中实践教学的特点可归纳为以下几点：

(1)教学模式科学，教学目的明确。美国高校的实验教学课程是按必修课设置的正式课程，实行教授负责制，相关专业学生根据专业不同需要投入相当时间才能完成。并且学校重视发挥科研实验室作用，不少科研实验室要承担一定的实验教学任务，并且制定详细完备的实验教学指导规程。

(2)课程设置多样化，注重培养科学研究能力。美国大学实验教学采用多元、灵活的教学组织形式，课程设置不拘一格。既有根据理论课程设置实验教学进度，也有根据专业、学龄等开设难易不同的实验课。例如，理论专业的学生主要以相对简单的普通实验为主，而侧重应用专业的则以较为深入复杂的实验为主；一、二年级的学生以简易实验为主，而三、四年级则布置相对复杂的实验。学校尽力保证学生各种奇思妙想的实验想法得以实现，从而激发他们积极思考、主动分析、发现问题、解决问题的科学研究能力。

(3)新颖、高水平的实验内容层出不穷。在坚守经典实验内容的同时，根据学科前沿动向不断增设新颖多样的实验教学内容，力图将最新的学术成果转化为新的实验教学内容[4]。

1.2.2 德国大学

德国高校也高度重视实践教学对学生的培养，实践教学贯穿整个教学过程。以德国亚琛工业大学某学年教学安排为例，该大学的实践教学在一学年中分三段时间开展。①4月初开始约半个月的工厂实习或项目研究；②6月初开始为期一周的工厂参观和交流；③8月中旬开始约一个月的工厂实习和项目研究。该校也很重视通过科技活动开展实践教学，包括以下几种形式：a. 工厂参观。在夏季学期的第7周，专门用一周时间安排学生参观工厂或研究所。参观单位一般与学生所学专业相关，且其技术骨干和负责人大多是该校毕业的校友，他们负责给学生们做技术报告，带领学生参观生产线和组织讨论等。学生们通过参观，加深了对实践知识的了解，同时也促进了理论知识的学习。不少研究生还通过参观确定了毕业去向。b. 工厂实习是学生培养的重要环节。学生去工厂实习半年左右，并负责一定的项目研究，有的项目也可以在研究所内进行。学生与工厂或研究所的直接接触缩短了与社会融合的过程。c. 学校的科技节。亚琛工业大学有“全校范围的科技活动日”，类似于清华大学“挑战杯”科技展览，与后者不同的是，在“科技活动日”当天，亚琛工业大学全校学生放假，各系在校园中展示自己最新、最好的科研成果，由老师负责讲解。这个节日能使学生了解各研究所的特点和专长，同时还能以此来吸引学生到本研究所学习、研究和工作。d. 企业在学校组织技术讲座。几乎每个研究所和相关企业之间都有良好的学术交流和联系，教授经常邀请企业界的同行介绍专业领域的最新进展，并在开学之初就确定好技术讲座的日程和内容。

1.2.3　英国大学

英国大学的机械专业实践教学，以利兹大学为例，具有以下特色：

(1)从学制上引入实践环节。根据培养目标不同，采用 1-3-1 和 1-4-1 两种学制，学生在入学前和最后毕业前进入由学校提供的合作公司及工厂，参加一年的工厂实习。入学前的实习往往侧重于感性认识，从事基本的体力型工作，而毕业前的一年实习工作偏重实际技术及管理工作能力的锻炼。学生在这段时间里不仅将学校里所学知识应用于实际工作，而且和用人单位进行有效的沟通和相互了解，为就业创造条件。这种模式培养出的学生的实际工作能力很强，毕业后立刻就能投入实际的工作。

(2)在教学过程中加强实践环节的力度。①从学生入学一开始，每个学期都要结合所修课程参加 1~2 项的小课题研究(Project)，这些小课题包括小制作、小设计及小型专题实验研究。这些课题的选题很有创意，兼顾了专业性、科学性、前沿性及可操作性。分成小组进行，分工协作。方案的制定、具体设计、安装、调试等工作全由学生自己动手，既动脑又动手，教师一般只作定性指导。②学生的毕业论文选题往往都是与生产实际紧密相关的课题或具有一定前沿性的科研项目。通过这些课题的进行，学生的实际工作能力得到进一步提高。③注重实验环节教学，他们的实验课程的一个重要特色是每项实验都是学生自己动手完成的，教师的角色是“只动口不动手”，让学生成为实验课程的主体。

(3)丰富多彩的课外比赛及兴趣小组。除了配合课程教学而进行各项小课题以外，学生还经常参加一些课外发明创造比赛，几乎每学期都要举行这样的比赛。这些比赛包括小制作、小设计及小论文，优秀作品还可以参加全国比赛，学生的参与积极性都很高，课外兴趣小组活动很活跃。像利兹大学机械系的赛车兴趣小组，已成为学校的一个象征。完全由学生自行设计、生产的赛车在国际大赛上多次获奖，吸引了很多学生参加。除了赛车兴趣小组外，学校还有内燃机研究、人工关节研究、多媒体开发、摩擦学研究等一系列兴趣小组[5]。

1.3　机械专业综合实验教材建设的必要性

从以往历届我校机械专业学生的课程设计和毕业设计等环节中发现，学生专业基础知识较扎实，但综合运用知识、解决实际工程问题的能力偏弱。针对这种情况，在该专业专门开设了专业综合实验这门综合实践课程。该课程中的绝大部分实验均具备一定程度的知识综合性，但实验内容深度不够，部分实验项目仍然是以验证型实验为主，缺少设计性、创新性和综合性实验，不利于创造性思维和综合实践能力的培养。此外，现有的实验项目内容比较陈旧，尤其是反映学科发展新成果的实验还比较少，不能与学科发展保持同步。而且部分实验指导书基本上来自厂家的实验操作说明书，指导书仅仅对实验原理和实验步骤给出了简要说明，而对实验中体现的共性理论背景等问题没有加以总结归纳和提高，学生只是为做实验而做实验，不能真正从实验中获得启发和锻炼。

因此从专业建设的角度出发，亟需一本符合机械专业需求的、体现学科发展方向的、实验内容与时俱进的专业综合实验教材。本书不仅可提供更多融合最新学科发展知识的创新性综合实验，还是一本反映学科共性理论的实验辅导书，以满足“新工科”建设背景下对机械专业学生的实践能力培养需求。

第2章　实验理论基础

2.1　传感器

传感器是检测与控制系统中最前端的检测元件，用来将诸如位移、速度、加速度、力、应变等机械信号转换成电信号，以满足信息的传输、处理、存储、显示、记录和控制等要求，因此传感器的性能如动态特性、灵敏度、线性度等都会直接影响整个测试过程的质量。传感器不但在自动化测试技术中，而且在很多的机械专业实验教学设备中也有重要的作用。

2.1.1　传感器的构成

如图2-1所示，传感器一般由敏感元件、转换元件和基本转换电路三部分组成。

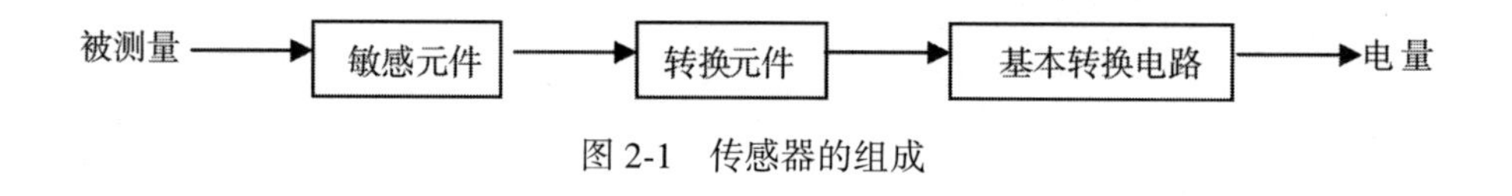

图2-1　传感器的组成

(1)敏感元件：直接感受被测量，并以确定关系输出物理量，如弹性敏感元件将力转换为位移或应变输出。

(2)转换元件：将敏感元件输出的非电量(如位移、应变、光强等)转换为电路参数量(如电阻、电感、电容)。

(3)基本转换电路：将电路参数量转换成便于测量的电量，如电压、电流、频率等。

有些传感器(如热电偶)只有敏感元件，感受被测量时直接输出电动势；有些传感器由敏感元件和转换元件组成，无需基本转换电路，如压电式加速度传感器；还有些传感器由敏感元件和基本转换电路组成，如电容式位移传感器。

2.1.2　分类

1. 按被测物理量分类

如用来检测温度、流量、位移、速度、加速度等物理量的传感器。这种分类方法往往把用途相同而变换原理不同的传感器分为一类，例如测量加速度的传感器，可利用各种变换原理和由不同的传感元件组成，有应变式、电容式、电感式和压电式加速度传感器等。

2. 按传感器元件的变换原理分类

根据各种不同的物理、化学现象或效应作用机理，可将传感器分为电阻传感器、电容传感器、电感传感器、压电传感器、光电传感器、磁电传感器、磁敏传感器等。

3. 根据传感器输出信号性质

根据输出信号性质，传感器可分为开关型、模拟型与数字型传感器，例如接近开关是开关型传感器，应变片是模拟型传感器，光电编码器是数字信号传感器。

还可根据是否与被测对象接触，把传感器进一步分为接触与非接触式两类，例如检测温度的热电偶传感器属于接触式传感器，而红外测温用光电探测器属于非接触式传感器。模拟型传感器又可进一步细分为电阻型、电压型、电流型与电感型、电容型。数字型传感器又可细分为计数型和代码型等。

传感器按输出信号分类如图 2-2 所示[6]。

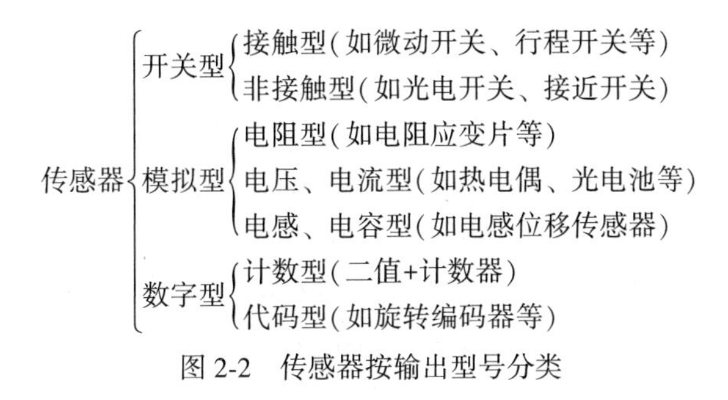

图 2-2 传感器按输出型号分类

2.1.3 传感器主要特性

传感器的特性包括动态特性和静态特性两方面。传感器动态特性一般是指输入量随时间做快速变化时，系统地输出随输入而变化的关系，传感器动态特性的代表性指标是其最高响应频率。

传感器静态特性主要包括以下几个方面：

(1)灵敏度：灵敏度是传感器静态特性的一个重要指标。其定义为输出量的增量与引起该增量的相应输入量增量之比。

(2)线性度：指传感器输出量与输入量之间的实际关系曲线偏离拟合直线的程度。定义为在全量程范围内实际特性曲线与拟合直线之间的最大偏差值与满量程输出值之比。

(3)回程误差：对于同一大小的输入信号，传感器的正反行程输出信号大小不相等，这个差值称为回程误差。

(4)分辨力：当传感器的输入从非零值缓慢增加时，在超过某一增量后输出发生可观测的变化，这个输入增量称传感器的分辨力，即最小输入增量。

2.1.4　传感器的性能要求

无论何种传感器，作为检测系统的首要环节，通常都必须具有快速、准确、可靠而又能经济地实现信号转换的性能，即：

(1)传感器的工作范围或量程应足够大，具有一定的过载能力。

(2)与检测系统匹配性好，转换灵敏度高。

(3)精度适当，且稳定性高。

(4)反应速度快，工作可靠性高。

(5)适应性和适用性强——动作能量小，对被检测对象的状态影响小，内部噪声小，不易受外界干扰的影响，使用安全，易于维修和校准，寿命长，成本低等。

实际的传感器往往很难全面满足上述性能要求，应根据应用目的、使用环境、被测对象状况、精度要求和信号处理等具体条件作全面综合考虑。

2.1.5　实验中常用的传感器

1. 线位移传感器

按被测量变换的形式不同，线位移传感器可分为模拟式和数字式两种。模拟式又可分为物性型和结构型两种。常用线位移传感器以模拟式结构型居多，包括电位器式位移传感器、电感式位移传感器、自整角机、电容式位移传感器、电涡流式位移传感器、霍尔式位移传感器等。小位移常采用应变式、电感式、差动变压器式、涡流式、霍尔式传感器来检测，大位移常用感应同步器、光栅、容栅、磁栅等传感技术来测量。其中光栅传感器具有易实现数字化、精度高、抗干扰能力强、安装方便、使用可靠等优点，在机加工、检测仪表等行业中得到日益广泛的应用。图 2-3 是增量式直线光栅尺，经常应用于数控机床的闭环伺服系统中，可用作直线位移的检测。

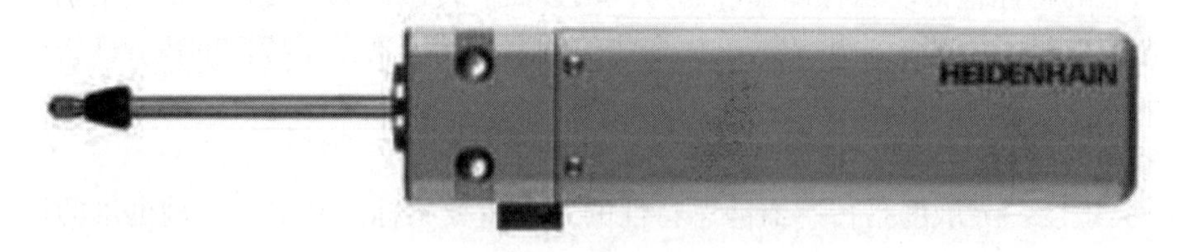

图 2-3　增量式直线光栅尺

2. 速度传感器

速度包括线速度和角速度，与之相对应的速度传感器就有线速度传感器和角速度传感器，后者也常常称为转速传感器。转速传感器按安装形式分为接触式和非接触式两类。前者应用很少，后者按照检测原理一般分为光电式、磁电式、磁敏式、电容式、变磁阻式、测速发电机等。光电式转速传感器应用较多的是光电编码器(如图 2-4(a)所示)和磁敏式转速传感器(如图 2-4(b)所示)。

(a) 光电编码器

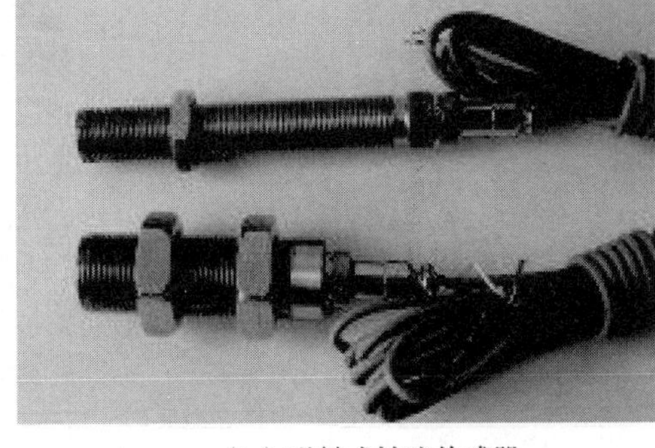

(b) 磁敏式转速传感器

图 2-4　转速传感器

3. 加速度传感器

加速度传感器通常由质量块、阻尼器、弹性元件、敏感元件和适调电路等部分组成。传感器在加速过程中，通过对质量块所受惯性力的测量，间接获得加速度值。根据传感器敏感元件的不同，常见的加速度传感器包括电容式、电感式、应变式、压阻式、压电式等。其中应用最普遍的是压电式加速度传感器。

压电式加速度传感器又称压电加速度计，它属于惯性式传感器(如图 2-5(a)所示)。压电式加速度传感器的原理是利用压电陶瓷或石英晶体的压电效应，在加速度计受振时，质量块施加于压电元件上的力也随之变化。当被测振动频率远低于加速度计的固有频率时，则力的变化与被测加速度成正比。压电式加速度传感器的输出信号很弱小，必须进行放大后才能显示或记录，而且要求后接的负载必须有高输入阻抗，电荷放大器恰恰能满足这两个要求，而且其输出不受电缆的分布电容影响，因此压电式传感器后续处理放大器一般多采用电荷放大器。

4. 力传感器

力传感器是将静态或动态力的大小转换成便于测量的电量的装置。根据由力至电参数转变的方式不同，力传感器一般有电阻应变式传感器、电位计式传感器、电感式传感器、压电式传感器、电容式传感器等。目前应用较多的是电阻应变式和压电式力传感器(如图 2-5(b)所示)。

电阻应变式传感器是目前工程测力传感器中应用最普遍的一种传感器，它测量精度高、范围广、频率响应特性较好、结构简单、尺寸小，易实现小型化，并能在高温、强磁场等恶劣环境下使用，并且工艺性好，价格低廉。电阻应变式测力传感器的工作原理是基于电阻应变效应，即粘贴有应变片的弹性元件受力作用时产生变形，应变片将弹性元件的应变转换为电阻值的变化，经过转换电路输出电压或电流信号，从而实现力值的测量。组

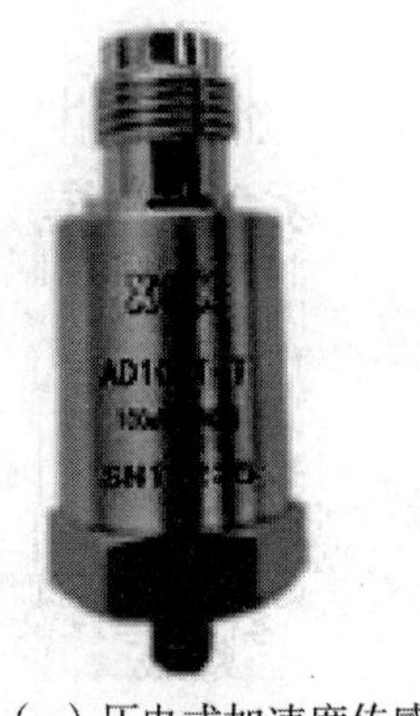

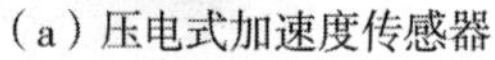

（a）压电式加速度传感器　　　　（b）压电式力传感器

图 2-5　加速度传感器和力传感器

成电阻应变片的材料一般为金属或半导体材料。应变片的阻值受环境温度影响很大，由于环境温度变化引起的电阻变化与试件应变所造成的电阻变化几乎有相同的数量级，从而产生很大的测量误差，称为应变片的温度误差。为消除温度误差，必须采取温度补偿措施。

测力传感器按其量程大小和测量精度不同而有很多规格品种，它们的主要差别在于弹性元件的结构形式不同，以及应变片在弹性元件上粘贴的位置不同。通常测力传感器的弹性元件有柱式、环式、悬臂梁式等(如图 2-6 所示)。

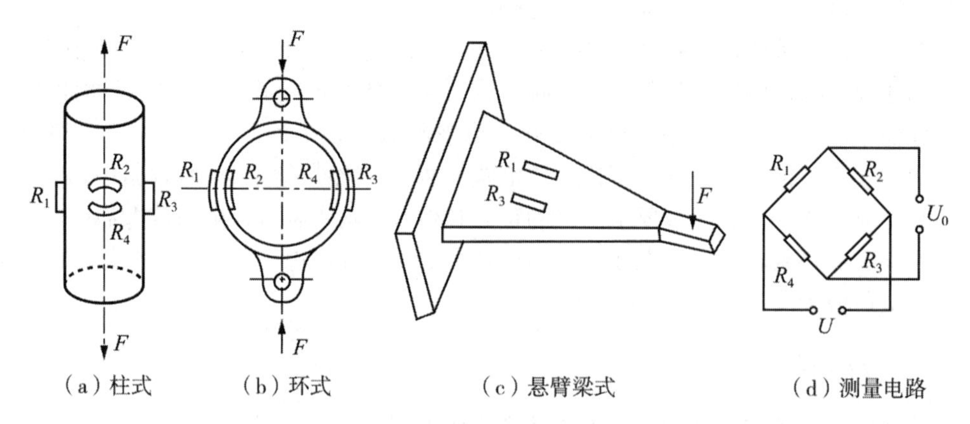

（a）柱式　（b）环式　（c）悬臂梁式　（d）测量电路

图 2-6　应变式测力传感器弹性元件及测量电路

压电式力敏传感器原理与压电式加速度传感器原理一样，二者之间只差一个惯性质量系数。其优点是灵敏度高、工作温度范围宽(−70～250℃)，缺点是成本稍高。

5. 扭矩传感器

扭矩传感器，又称力矩传感器、扭力传感器或转矩传感器。扭矩传感器可分为动态和静态两大类，其中动态扭矩传感器又常称作转矩传感器。扭矩传感器用于各种旋转或非旋转机械部件上扭转力矩的检测。扭矩传感器将扭力的物理变化转换成精确的电信号，其中测量转轴应变和测量转轴两横截面相对扭转角的方法最常用。下面对这两种传感器稍做说明。

1)应变片扭矩传感器

应变片传感器扭矩测量采用应变电测技术。在弹性轴上粘贴应变计组成测量电桥，当弹性轴受扭矩产生微小变形后引起电桥电阻值变化，应变电桥电阻的变化转变为电信号的变化从而实现扭矩测量。但是在传动系统中，最棘手的问题是旋转体上的应变桥的桥压输入及检测到的应变信号输出如何可靠地在旋转部分与静止部分之间传递，通常的做法是用导电滑环来完成。由于导电滑环属于摩擦接触，因此不可避免地存在磨损及发热，因而限制了旋转轴的转速及导电滑环的使用寿命。此外由于接触不可靠引起信号波动，因而造成测量误差大，甚至测量不成功。为了克服导电滑环的缺陷，另一个办法就是采用无线电遥测的方法：将扭矩应变信号在旋转轴上放大并通过 V/F 转换成频率信号，通过载波调制用无线电发射的方法，从旋转轴上发射至轴外，再用无线电接收的方法，就可以得到旋转轴受扭的信号。应变式扭矩测试技术比较成熟，具有精度高、频响快、可靠性好、寿命长等优点。

2)相位差式扭矩传感器

相位差式扭矩测量方法是在弹性轴的输入轴和输出轴两端分别安装一组齿数、形状及安装角度完全相同的齿轮。在齿轮的外侧各安装一只接近(磁或光)传感器(如图 2-7 所示)。当弹性轴受到转矩作用发生扭转时，输入轴上的齿轮和输出轴上齿轮之间的相对位置就被改变了。这两组传感器就可以测量出两组脉冲波，比较这两组脉冲波的前后沿的相位差就可以计算出弹性轴所承受的扭矩量。该方法的优点是实现了转矩信号的非接触传递，检测信号为数字信号；缺点是体积较大，不易安装，低转速时由于脉冲波的前后沿较缓不易比较，因此低速性能不理想。

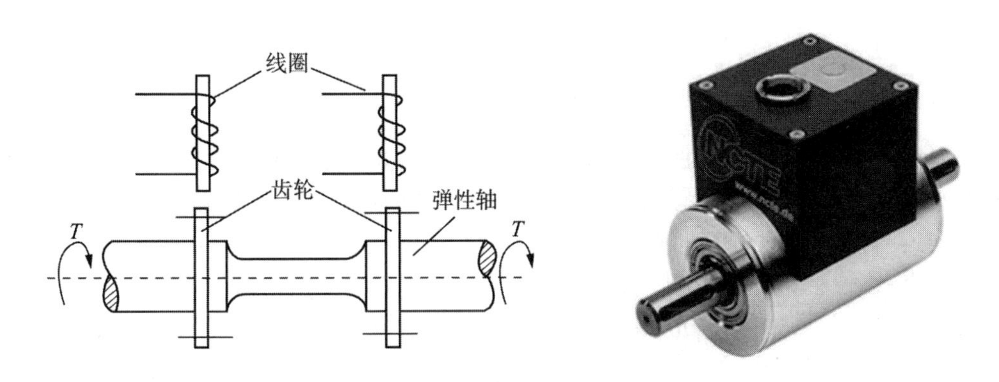

图 2-7　相位差式扭矩传感器

6. 接近开关与光电开关

接近开关(如图 2-8(a)所示)又称无触点接近开关，是理想的电子开关量传感器。当金属检测体靠近接近开关的感应区域，开关就能无接触、无压力、无火花、迅速地发出电气指令，准确反映出运动机构的位置和行程，在自动控制系统中可用于限位、计数、定位控制和自动保护环节等。接近开关是一种开关型传感器(即无触点开关)，它既有行程开关、微动开关的特性，同时具有传感性能，且动作可靠，性能稳定，频率响应快，应用寿命长，抗干扰能力强等，并具有防水、防震、耐腐蚀等特点。产品主要有电感式、电容式、霍尔式等。

利用光电效应做成的开关叫光电开关(图2-8(b)所示)，将发光器件与光电器件按一定方向装在同一个检测头内，当有反光面(被检测物体)接近时，光电器件接收到反射光后便有信号输出，由此便可“感知”有物体接近。

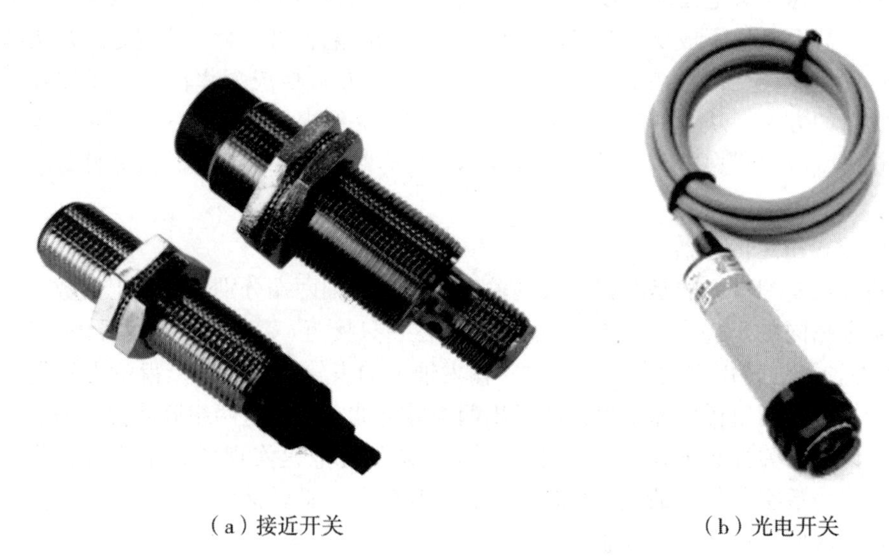

(a)接近开关　　(b)光电开关

图2-8　接近开关、光电开关

7. 图像传感器

图像传感器是利用光电器件的光电转换功能，将感光面上的光像转换为与光像成比例关系的电信号。常见的图像传感器有电荷耦合器件(CCD)和CMOS图像传感器。CCD的工作原理是：首先由光学系统将被测物体成像在CCD的受光面上，受光面下的许多光敏单元形成了许多像素点，这些像素点将投射到它的光强转换成电荷信号并存储；然后在时钟脉冲信号的控制下，将反映光像的被存储电荷信号读取并顺序输出，从而完成从光图像到电信号的转换过程。

CCD和CMOS都是利用光敏二极管进行光电转换，将图像转换为数字数据，其主要差异是数字数据传送的方式不同。CCD传感器中每一行中每一个像素的电荷数据都会依次传送到下一个像素中，由最底端部分输出，再经由传感器边缘的放大器进行放大输出；而在CMOS传感器中，每个像素都会连接一个放大器及A/D转换电路，用类似内存电路的方式将数据输出。CCD传感器在灵敏度、分辨率、噪声控制等方面都优于CMOS传感器，而CMOS传感器则具有低成本、低功耗以及高整合度的特点。不过，随着CCD与

CMOS传感器技术的进步，两者的差异逐渐缩小。图像传感器广泛应用在汽车、机器人的机器视觉、图像识别等领域。

2.2 常见电气执行元件

2.2.1 步进电机与驱动器

步进电机是一种将输入脉冲信号转换成相应角位移的旋转电机，可以实现较高精度的角度控制。它可用数字信号直接控制，因此很容易与微机相连接，是位置控制中不可缺少的执行装置。由于步进电机按照输入的脉冲信号步进式运动，即每给一个脉冲电信号，电机就转动一个角度或前进一步，故称为步进电机。这种电机的特点是：在负载能力范围内不因电源电压、负载大小、环境条件的波动而变化；适用于开环系统中作执行元件，使控制系统大为简化；步进电机可在很宽的范围内通过改变脉冲频率调速；能够快速启动、反转和制动，很适合微型机控制。因此步进电机广泛应用在控制精度要求不高的设备上，如各类打印机、雕刻机、X-Y平台等数控设备。本教程模块一的实验二中用到了步进电机。

1. 步进电机分类

步进电机从其结构形式上可分为磁阻式(或反应式)、永磁式和混合式步进电机等多种类型。其中反应式步进电机一般为三相，可实现大转矩输出，结构简单、成本低、步距角小，可达1.2°，但噪声和振动都很大、效率低、发热大，可靠性难以保证。永磁式步进电机的转子用永磁材料制成，转子的极数与定子的极数相同。永磁式步进电机一般为两相，转矩和体积较小，但这种电机精度差，步距角大。混合式步进电机综合了反应式和永磁式步进电机的优点，其定子上有多相绕组，转子采用永磁材料，转子和定子上均有多个小齿以提高步距精度，其特点是输出力矩大、动态性能好、步距角小，但结构复杂、成本相对较高。

按步进电机定子上绕组来分，有二相、三相和五相等系列。最常使用的是两相混合式步进电机，其性价比高，配上细分驱动器后效果良好。

2. 步进电机工作原理

以永磁式步进电机为例，其转子为永磁体，当电流流过定子绕组时，定子绕组产生一矢量磁场。该磁场会带动转子旋转一角度，使得转子的一对磁场方向与定子的磁场方向一致。当定子的矢量磁场旋转一个角度，转子也随着该磁场转一个角度。每输入一个电脉冲，电机转动一个角度(前进一步)。步进电机的角位移与输入的脉冲数成正比，转速与脉冲频率成正比，转向与各相绕组的通电方式有关。改变绕组通电的顺序，电机就会反转。因此可通过控制脉冲数量、频率及电机各相绕组的通电顺序来控制步进电机的转动。

3. 步进电机主要参数

(1)步进电机的相数：是指电机内部的线圈组数，目前常用的有两相、三相、五相步进电机。

(2)拍数：完成一个磁场周期性变化所需脉冲数或导电状态，用 m 表示，或指电机转过一个齿距角所需脉冲数。

(3)保持转矩：是指步进电机通电但没有转动时，定子锁住转子的力矩。

(4)步距角：对应一个脉冲信号，电机转子转过的角位移。

(5)定位转矩：电机在不通电状态下，电机转子自身的锁定力矩。

(6)失步：电机运转时运转的步数不等于理论上的步数。

(7)失调角：转子齿轴线偏移定子齿轴线的角度，电机运转必存在失调角，由失调角产生的误差，采用细分驱动是不能解决的。

(8)运行矩频特性：电机在某种测试条件下测得运行中输出力矩与频率关系的曲线。

4. 步进电机驱动器

步进电机常用于开环控制系统，一个完整的步进电机控制系统如图 2-9 所示。控制器给定脉冲信号和方向信号，步进电机驱动器对脉冲信号进行变换，功率放大后驱动步进电机运行。步进电机不能直接接到工频交流或直流电源上工作，而必须使用专用的步进电机驱动器。驱动器与步进电机直接耦合，也可理解为步进电机与控制器之间的功率接口。环形分配器的主要功能是把来源于控制环节的时钟脉冲串按一定的规律分配给步进电机驱动器的各相输入端，然后经过功率放大环节，控制电源的电流流入步进电机的各相线圈，来驱动电机运转。细分电路的作用是对来自控制器的脉冲信号进一步细分，细分的原理是通过改变 A、B 相电流的大小，以改变合成磁场的夹角，从而可将一个步距角细分为多步。采用细分驱动技术可以大大提高步进电机的步距分辨率，减小转矩波动，避免低频共振及降低运行噪声。两相步进电机驱动器外形及各引脚的定义如图 2-10 所示。

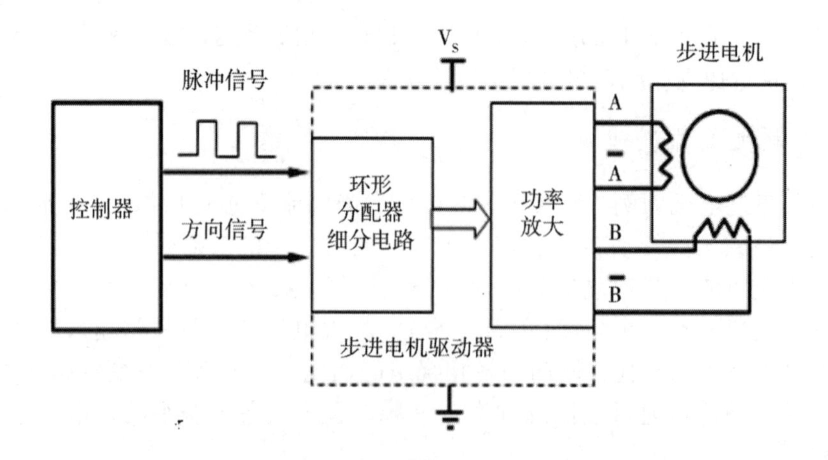

图 2-9　步进电机控制系统组成与步进电机驱动器

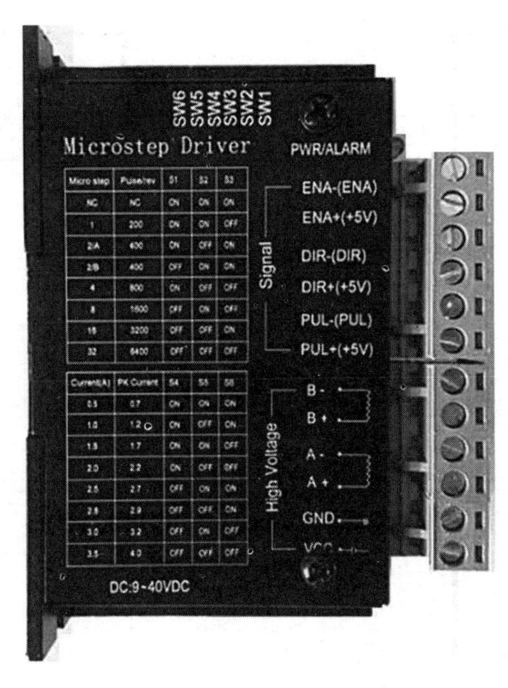

图 2-10　步进电机驱动器外形图

5. 控制器与步进电机驱动器接口方法

控制器与步进电机驱动器之间的具体接线方法有共阳极接法、共阴极接法和差分方式接法，如图 2-11(a)~(c)所示。这三种接法的区别是脉冲信号 PUL、方向信号 DIR 和使能信号 ENA 的正极或负极是否并联在一起。图 2-12 是上位机控制器与步进电机驱动器以及两相式步进电机接口实例，它采用共阳极接线方法，即 PUL+、DIR+和 ENA+接电源正极 VCC，PUL-、DIR-和 ENA-分别接来自控制器的脉冲信号、方向信号和使能信号。

2.2.2　直流伺服电机与驱动

电气伺服系统根据所驱动的电机类型可分为直流伺服系统和交流伺服系统。伺服电机是自动装置中的执行元件，它的最大特点是可控：在有控制信号时，伺服电机就转动，且转速大小正比于控制电压的大小，除去控制信号电压后，伺服电机就立即停止转动。伺服电机应用甚广，几乎在所有的自动控制系统中都要用到，例如硬盘驱动读写控制系统常用直流伺服电机驱动[7]。

直流伺服电机通过电刷和换向器产生的整流作用，使磁场磁动势和电枢电流磁动势正交，从而产生转矩，其电枢大多为永久磁铁。与交流伺服电机相比，直流伺服电机启动转矩大，调速广且不受频率及极对数限制(特别是电枢控制的)，机械特性线性度好，从零转速至额定转速具备可提供额定转矩的性能，功率损耗小，具有较高的响应速度、精度、频率和优良的控制特性。但直流电机的优点也正是其缺点，因为直流电机要产生额定负载

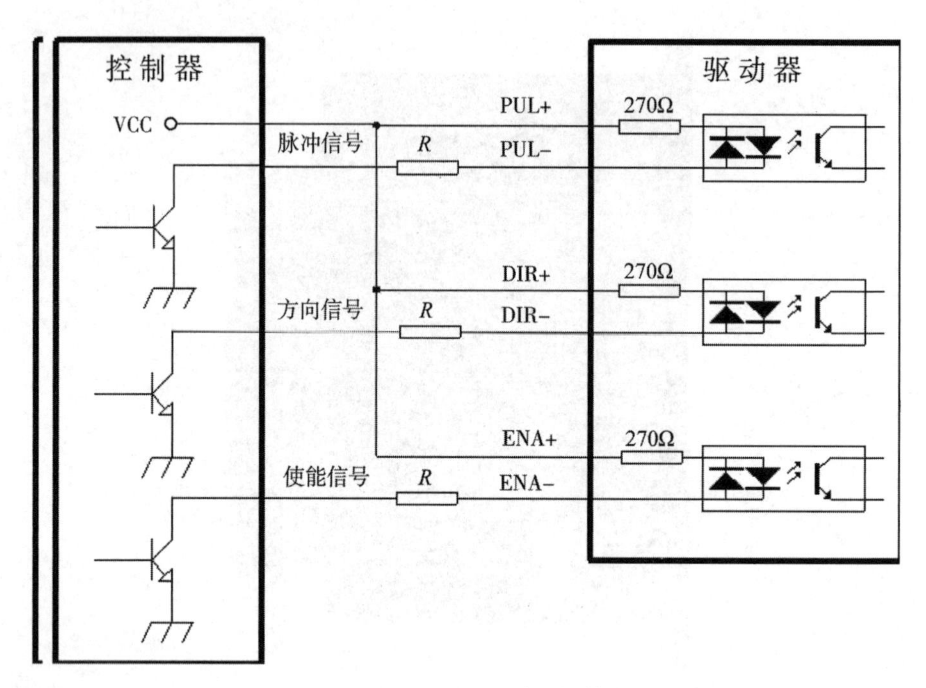

(a)步进电机驱动器的共阳极接法

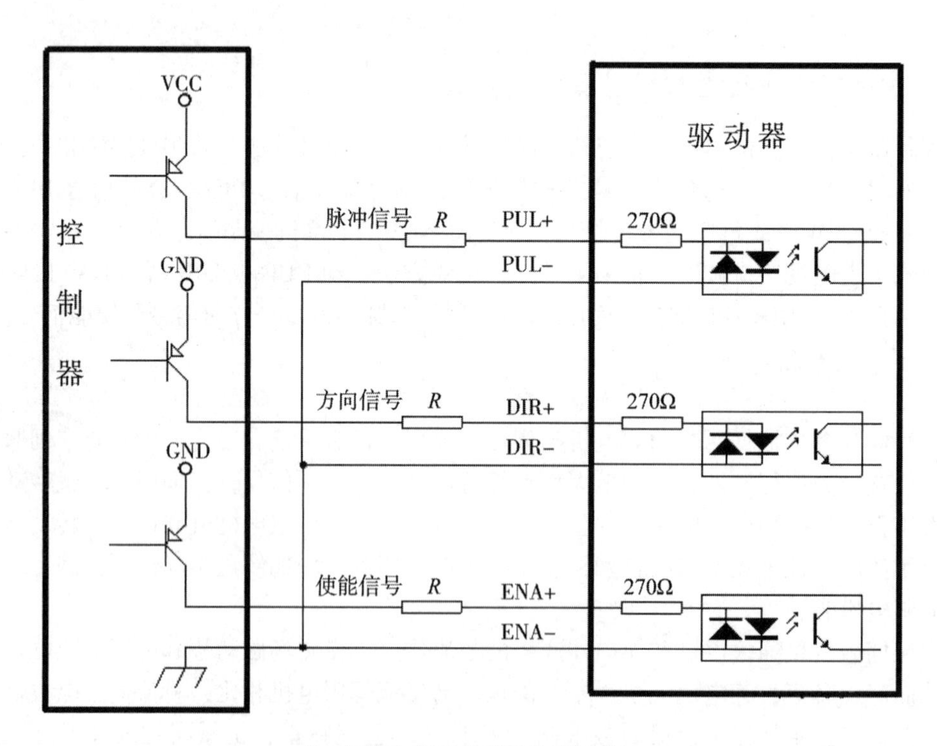

(b)步进电机驱动器的共阴极接法

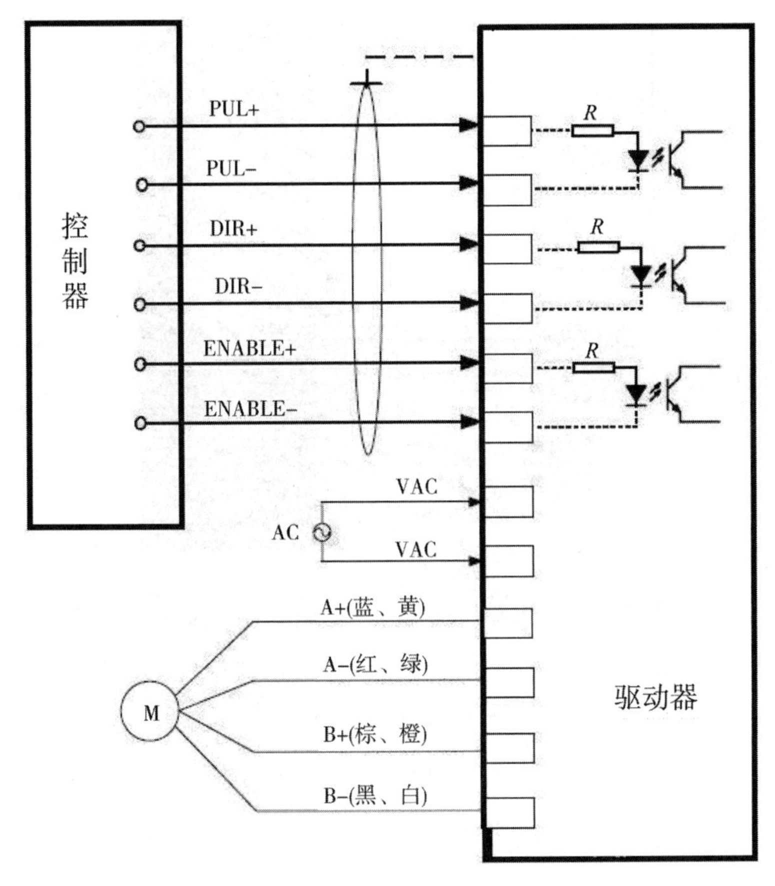

(c)步进电机驱动器的差分方式接法

图 2-11 步进电机驱动器的接法

下恒定转矩的性能，电枢磁场与转子磁场必须恒维持 90°，这就要借助碳刷及整流子；电刷和换向器的存在增大了摩擦转矩，换向火花带来了无线电干扰，除了会造成组件损坏之外，使用场合也受到限制，寿命较低，需要定期维修，使用维护较麻烦。

若在要求频繁启停的随动系统中使用，则要求直流伺服电机启动转矩大；在连续工作制的系统中，则要求伺服电机寿命较长。使用时要特别注意先接通磁场电源，然后加电枢电压。

1. 直流伺服电机的分类

(1)小惯量直流电机。其主要结构特点是其转子的转动惯量尽可能小，因此，在结构上与普通电机的最大不同是转子做成细长形且光滑无槽。因此表现为转子的转动惯量小，仅为普通直流电机的 1/10 左右，因此响应特别快，机电时间常数可小于 10ms。小惯量直流电机的转矩与转动惯量之比比普通直流电机的大 40~50 倍，且调速范围大，运转平稳，适用于频繁启动与制动，要求有快速响应(如数控钻床、冲床等点定位)的场合。但由于

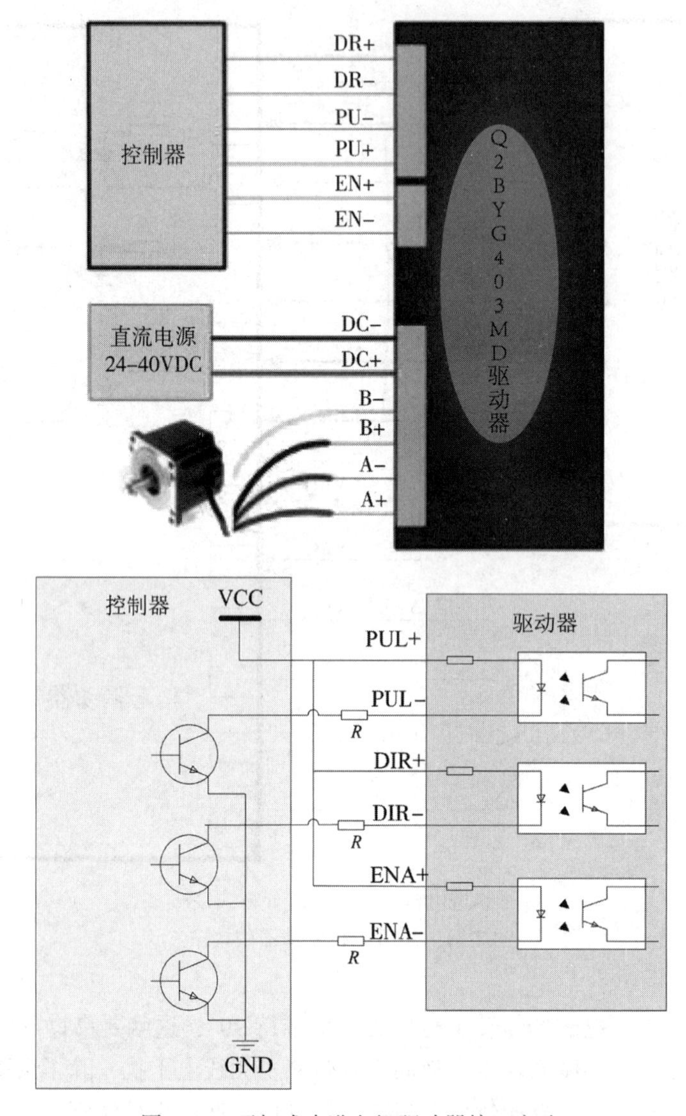

图 2-12　两相式步进电机驱动器接口方法

其过载能力低，并且电机的自身惯量比机床相应运动部件的惯量小，应用时都要经过一对中间齿轮副，才能与丝杠相连接，在某些场合也限制了它的广泛使用。

(2)大惯量直流电机。又称宽调速直流电机，是在小惯量电机的基础上发展起来的。在结构上和常规的直流电机相似，工作原理相同。当电枢线圈通过直流电流时，就会在定子磁场的作用下，产生带动负载旋转的转矩。小惯量电机是通过减小电机的转动惯量来提高电机的快速性，而大惯量电机则是在维持一般直流电机转动惯量的前提下，尽量提高转矩的方法来改善其动态特性。大惯量直流电机既具有一般直流电机便于调速、机械特性较好的优点，又具有小惯量直流电机的快速响应性能，其特点可归纳为：转子惯量大，可以和机床的进给丝杠直接连接；低速性能好，过载能力强，动态响应好；调速范围宽。

2. 直流伺服电机控制方式

直流伺服电机既可采用电枢控制，也可采用磁场控制，一般多采用前者。直流伺服电机为了直流供电和调节电机转速与方向，需要对电枢电压的大小和方向进行控制。目前常用晶闸管直流调速和晶体管脉宽调速两种方式。

前者主要通过调节触发装置控制晶闸管的触发延迟角(控制电压的大小)来移动触发脉冲的相位，从而改变整流电压的大小，使直流电机电枢电压变化，易于平滑调速。但由于晶闸管本身的工作原理，在低整流电压时的平均值，其输出包含很小的尖峰值，从而造成电流的不连续性。

而晶体管开关频率高(通常达2000~3000Hz)，伺服机构能够响应的频带范围也较宽，与晶闸管相比，其输出电流脉动非常小，接近于纯直流。目前，脉冲宽度调制(Pulse Width Modulation，PWM)式功率放大器得到越来越广泛的应用。由于PWM功率放大器中的功率元件，如双极型晶体管或功率场效应管MOSFET等工作在开关状态，因而功耗低；其次，PWM开关放大器的输出是一串宽度可调的矩形脉冲，除包含有用的控制信号外，还包含一个频率同放大器切换频率相同的高频分量，在高频分量作用下，伺服电机时刻处于微振状态，有利于克服执行轴上的静摩擦，改善伺服系统的低速运行特性；此外，PWM式开关放大器还具有体积小、维护方便、工作可靠等优点。

3. 直流伺服电机PWM驱动控制原理

为实现直流电机双向调速，多采用如图2-13所示的H型PWM驱动电路。电桥由4个大功率晶体管VT_1、VT_2、VT_3、VT_4组成。如果VT_1和VT_4导通，VT_2和VT_3截止，则电流沿$+U_s$—VT_1—电机—VT_4—0V的路径流通，设此时电机的转向为正向。反之，如果晶体管VT_1和VT_4截止，VT_2和VT_3导通，则电流的方向与前一种情况相反，电机反向旋转。显然，如果改变加到VT_1和VT_4、VT_2和VT_3这两组管子的控制电压就可以改变电机的转向和转速。H型PWM驱动电路中4个二极管VD_1、VD_2、VD_3、VD_4是实现续流作用的。

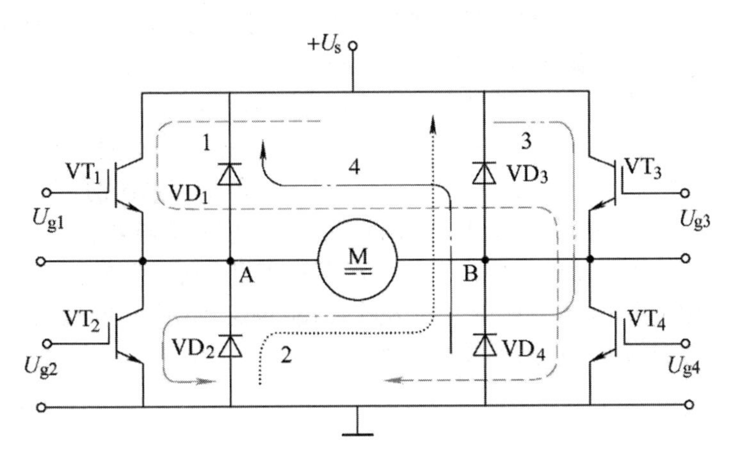

图2-13 双极式H型PWM驱动电路

图 2-14 给出了一个基于国际整流器公司的 IR2110 芯片控制的直流伺服电机 PWM 驱动电路。在直流伺服系统中，H 桥型主电路有四个功率开关器件(功率 MOSFET)，若每个开关器件都用一个单独的驱动电路驱动，则需四个驱动电路，至少要配备三个相互独立的直流电源为其供电，这使得系统硬件结构复杂，可靠性下降。IR2110 是功率 MOSFET 和 IGBT 专用栅极驱动集成电路，具有高低端输出双通道，可用来驱动工作在母线电压高达 600V 的电路中的功率 MOS 器件。采用两片 IR2110 或一片 IR2130 即可完成四个功率开关元件的驱动任务，其内部采用自举技术，使得功率元件的驱动电路仅需一个输入级直流电源；可实现对功率 MOSFET 和 IGBT 的最优驱动，还具有完善的保护功能。它们的应用可提高系统的集成度和可靠性，并可大大缩小线路板的尺寸。

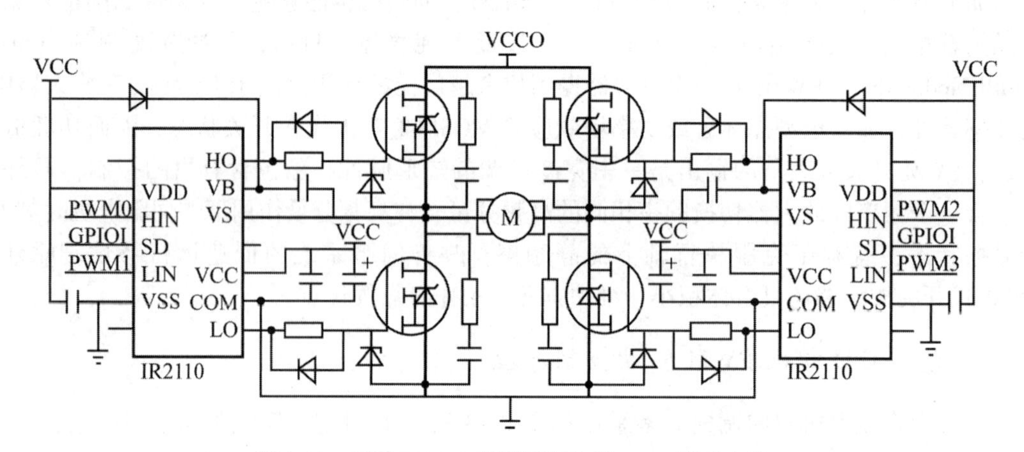

图 2-14　基于 IR2110 直流伺服电机 PWM 驱动电路

2.2.3　交流伺服电机与驱动器

以往在要求调速性能较高的场合，一直占据主导地位的是直流伺服系统。但直流电机存在一些固有的缺点，如电刷和换向器易磨损，电机的最高速度受到限制，而且直流电机结构复杂，制造成本高。随着微电子技术和现代控制理论的发展，20 世纪 80 年代以来交流伺服驱动技术取得了突破性的进展。交流伺服电机具备运行稳定、可控性好、响应快速、灵敏度高以及机械特性和调节特性的非线性度指标严格等特点，其容量比直流电机更大，可达到更高的电压与转速。另外，在同样体积下，交流伺服电机的输出功率比直流伺服电机提高 10%~70%。交流伺服系统已成为当代高性能伺服系统的主要发展方向，当前高性能伺服系统大多采用永磁同步型交流伺服电机，控制驱动器多采用快速、准确定位的全数字位置伺服系统，主要的品牌有安川、松下及西门子等。例如日本安川公司推出的 ΣV系列交流电机伺服驱动器，响应速度达到了 1600Hz，使用了 20 位的脉冲编码器，其处理速度、位置控制精度均达到了世界前列。

1. 交流伺服电机分类

1)感应电机

如图 2-15(a)所示，其定子和转子均由铁心线圈构成，它有单相与三相之分，也有鼠笼式和线绕式之分，通常多采用鼠笼式三相感应电机，简称异步型交流伺服电机，用 IM 表示。与同容量的直流电机相比，感应电机结构更简单，质量约为后者的 1/2，价格仅为后者的 1/3，因此响应速度非常快，主要应用于中等功率以下的伺服系统。此外感应式异步电机结构坚固，制造容易，价格低廉，因而具有很好的发展前景，代表了将来伺服技术的发展方向。但由于这种电机的伺服系统采用矢量变换控制，相对永磁同步电机来说控制比较复杂，而且不能经济地实现范围较广的平滑调速，必须从电网吸收滞后的励磁电流，因而令电网功率因素变坏。

2)同步电机

同步电机如图 2-15(b)所示，它的转子由永久磁钢构成磁极，定子与感应电机一样由铁心线圈构成，可分为单相同步电机和三相同步电机两种。这种永磁同步电机(PMSM)转子转动惯量小，因此响应速度很快；没有电刷及换向机构，无须经常维护；电枢在定子上，散热性能好；对外部产生的电磁干扰小，但控制比直流伺服电机要复杂得多。其主要应用于中功率以下的工业机器人和数控机床等伺服系统。永磁同步电机交流伺服系统在技术上已趋于完全成熟，具备十分优良的低速性能，并可实现弱磁高速控制，拓宽了系统的调速范围，适应了高性能伺服驱动的要求。随着永磁材料性能的大幅度提高和价格的降低，其在工业生产自动化领域中的应用越来越广泛，目前已成为交流伺服系统的主流。

3)无刷直流电机

无刷直流电机如图 2-15(c)所示，由霍尔元件或旋转编码器等构成的位置传感器和逆变器取代了直流电机的电刷和换向器部分。无刷直流电机(BLDCM)具有与普通直流电机相同的特性，并且不需要维护，噪声小。由于转子的转动惯性很小，所以快速响应性能好。转子磁极采用永久磁钢，没有励磁损耗，提高了电机的效率，可用于洗衣机等设备。

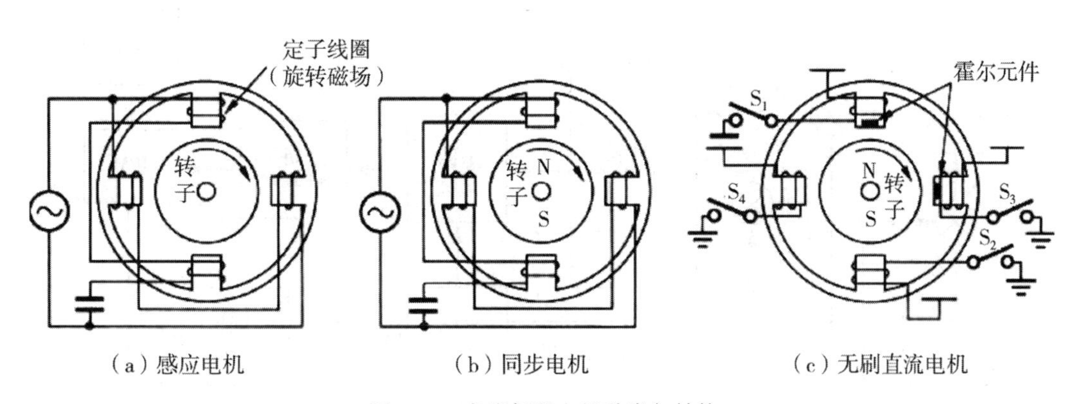

图 2-15 交流伺服电机种类与结构

2. 交流伺服系统组成与控制

鉴于永磁同步交流伺服电机在交流伺服电机中的主导地位，下面以它为例，说明交流伺服系统的组成及控制方法。任何电机的电磁转矩都是由主磁场和电枢磁场相互作用产生的。直流电机的主磁场和电枢磁场在空间互差 90°，因此可以独立调节。而交流电机的主磁场和电枢磁场互不垂直，互相影响。目前普遍采用的是基于永磁电机动态解耦数学模型的矢量控制方法，其基本思想是[8]：以转子磁链这一旋转空间矢量为参考坐标，将定子电流分解为相互正交的两个分量，一个与磁链同方向，代表定子电流励磁分量；另一个与磁链方向正交，代表定子电流转矩分量，然后分别对其进行独立控制，以获得和直流电机一样良好的动态特性。

基于矢量控制的永磁同步电机伺服系统的基本组成如图 2-16 所示，永磁同步电机伺服系统主要包括伺服驱动器和永磁同步电机 PMSM 两大部分。伺服驱动器主要包括位置环、速度环、电流环等。其中位置环的作用是产生电机的速度指令并使电机准确定位，通过设定的目标位置与电机的实际位置相比较，利用其偏差通过位置调节器来产生电机的速度指令。速度环的作用是保证电机的转速与指令值相一致、消除负载转矩扰动等因素对电机转速的影响。速度指令与反馈的电机实际转速相比较，其差值通过速度调节器产生相应的电流参考信号，该信号与通过磁极位置检测得到的电流信号比较，即得到完整的电流参考信号。电流环由电流调节器和逆变器等组成，其作用是使电机绕组电流实时、准确地跟踪电流参考信号。逆变器的输入通过电压空间矢量脉宽调制的方法来控制。空间矢量脉宽调制，简称 SVPWM，是把电机和逆变器视为一体，以三相对称正弦波电压供电时交流电机理想的磁链圆为基准，用逆变器不同开关模式所产生的实际磁链矢量来追踪基准磁链圆，由追踪的结果决定逆变器的开关模式，形成 PWM 波，使交流电机获得幅值恒定的圆形磁场，当磁链矢量在空间旋转一周时，电压矢量也就按磁链圆的切线方向运动了 360°，其运动轨迹与磁链圆重合，所以电压空间矢量运动轨迹也就能成为电机转子的运动轨迹。SVPWM 具有转矩脉动小、噪声低、电压利用率高等特点。

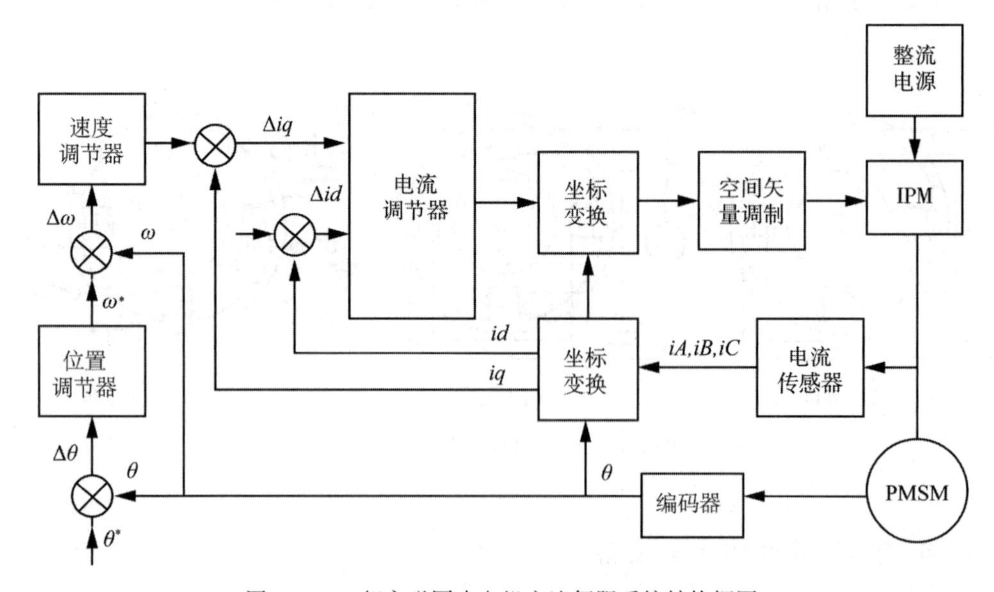

图 2-16　三相永磁同步电机交流伺服系统结构框图

交流永磁同步电机伺服系统需要进行电流变换与矢量计算，因此，一般采用全数字控制的伺服驱动器，图 2-17 为某实际交流永磁同步电机数字伺服驱动器的原理框图。该驱动器采用的是三相桥式二极管不可控整流电路，提高了驱动器的输入功率因数，输入回路安装有短路保护与浪涌电压吸收装置。驱动器的逆变回路采用了 IGBT 驱动，并带有为电机制动提供能量反馈通道的续流二极管。

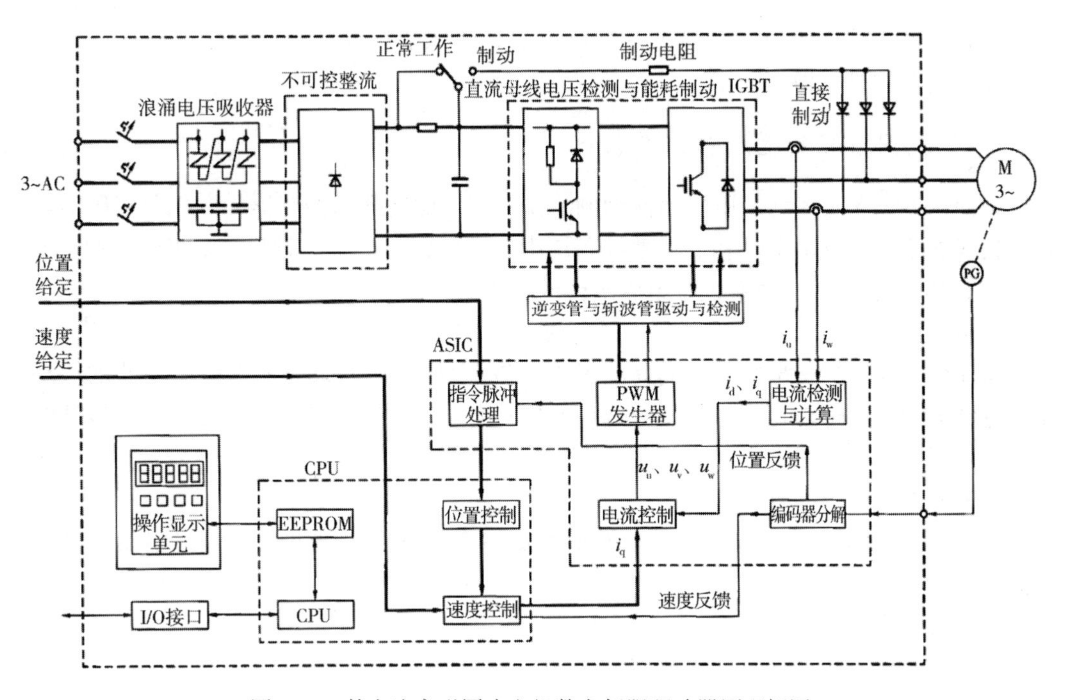

图 2-17 某交流永磁同步电机数字伺服驱动器原理框图

驱动器的速度与位置控制通过 CPU 进行，速度与位置调节器进行了数字化处理，调节器的参数可以根据系统情况进行修改。驱动器带有可以进行参数设定/状态显示的操作，显示单元与通信总线接口，不仅可以通过操作/显示单元检查驱动器工作状态进行参数的设定与修改，而且还可用于网络控制。修改后的参数可以保存在 EEPROM 中。驱动器带有的 CPU 可以直接接收外部位置指令脉冲，构成位置闭环控制系统。如果需要，驱动器也可以接收来自外部的速度给定模拟电压，成为大范围、恒转矩调速的速度控制系统。为了提高运算与处理速度，驱动器的电流检测与计算、电流控制、编码器信号分解、PWM 信号产生以及位置给定指令脉冲信号的处理均使用了专用集成电路(ASIC)。

交流伺服电机驱动器中一般都包含位置回路、速度回路和转矩回路，但使用时可将驱动器、电机和运动控制器结合起来组成不同的工作模式，以满足不同的应用要求。常见的工作模式有如下三类。

1)转矩控制

转矩控制方式是通过外部模拟量的输入或直接的地址赋值来设定电机轴对外输出转矩的大小。

2) 位置控制

位置控制模式一般是通过外部输入的脉冲的频率来确定转动速度的大小，通过脉冲的个数来确定转动的角度，也有些伺服可以通过通信方式直接对速度和位移进行赋值。由于位置模式对速度和位置都有很严格的控制，所以一般应用于定位装置。

3) 速度控制

通过模拟量的输入或脉冲的频率都可以进行转动速度的控制，在有上位控制装置的外环 PID 控制时，速度模式也可以进行定位，但必须把电机的位置信号或直接负载的位置信号反馈给上位机以做运算用。

3. 交流伺服驱动器及接线方法

下面以安川 ΣV 系列伺服驱动器为例，说明伺服驱动器与控制器、电机及编码器等之间的接线方法，这种驱动器在一些数控系统中常常用到。交流伺服驱动系统硬件的一般组成如图 2-18 所示[9]，驱动系统各组成部件的作用如下。

1) 调试设备

交流伺服驱动器一般配套有简易的操作/显示面板，但如果需要进行驱动器的振动抑制、滤波器参数自适应调整等，则应选用数字操作器或使用安装有 SigmaWin + 软件的计算机。

2) 断路器

断路器用于驱动器短路保护，必须予以安装，断路器的额定电流应与驱动器容量相匹配。

3) 主接触器

伺服驱动器不允许通过主接触器的通断来频繁控制电机的起/停，电机的运行与停止应由控制信号进行控制。安装主接触器的目的是使主电源与控制电源独立，以防止驱动器内部故障时主电源加入，驱动器准备好(故障)触点得电应作为主电源接通的条件。当驱动器配有外接制动电阻时，必须在制动电阻单元上安装温度检测器件，当温度超过许可时应立即通过主接触器切断输入电源。

4) 滤波器

进线滤波器与零相电抗器用于抑制线路的电磁干扰。此外，保持动力线与控制线之间的距离、采用屏蔽电缆、进行符合要求的接地系统设计也是消除干扰的有效措施。

5) 直流电抗器

直流电抗器用来抑制直流母线上的高次谐波与浪涌电流，减小整流、逆变功率管的冲击电流，提高驱动器功率因数。驱动器在安装直流电抗器后，对输入电源容量的要求可以相应减少 20%~30%。驱动器的直流电抗器一般已在内部安装。

6) 外接制动电阻

当电机需要频繁起/制动或是在负载产生的制动能量很大(如受重力作用的升降负载控制)的场合，应选配制动电阻。制动电阻单元上必须安装有断开主接触器的温度检测器件。

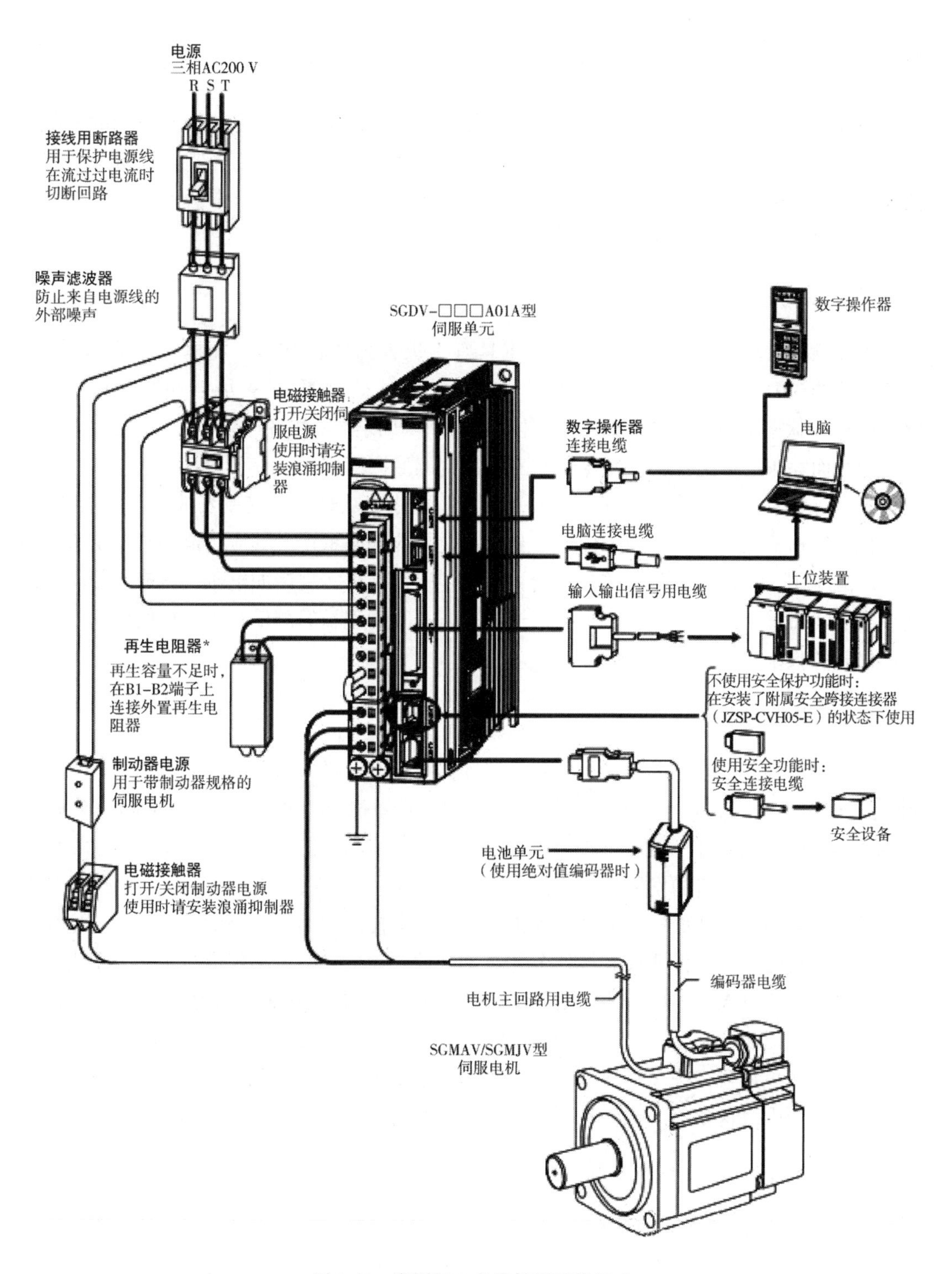

图 2-18　安川∑V 交流伺服系统组成

2.3　机电系统常用控制器

现代实验教学设备大多是一些机电一体化集成测控系统，这些系统中常采用的控制器类型有单片机、可编程控制器(PLC)、数字信号处理器(DSP)、工业控制计算机等，有些数控实验设备中还采用了运动控制卡，如可编程多轴控制器(PMAC)卡。下面分别对这些常用控制器的原理及应用加以简单介绍。

2.3.1　单片机

单片微型计算机简称单片机，就是将具有中央处理器(CPU)、随机存储器(RAM)、只读存储器(ROM)、多种I/O端口和中断系统、定时器/计数器等功能(可能还包括显示驱动电路、脉宽调制电路、模拟多路转换器、A/D转换器等电路)集成到一块芯片上，构成一个小而完善的微型计算机系统，在工业控制领域广泛应用。

自20世纪70年代单片机诞生以来，其以体积小、功耗低、控制功能强、扩展灵活、微型化、价格低廉和使用方便等优点，受到工业界的普遍重视，其应用范围日益扩大。单片机广泛应用于仪器仪表中，结合不同类型的传感器，可实现诸如电压、电流、频率、湿度、温度、流量、速度、厚度、角度、长度、压力等物理量的测量。单片机的应用实现了仪器仪表的数字化、智能化、微型化。

1. 常用单片机的种类

单片机的种类很多，世界上一些著名的计算机厂家已投放市场的产品有70多个系列，500多个品种。当前单片机的主要产品有：Intel公司的8051系列、Motorola公司的M68HC系列、Philips公司的80C51系列、Microchip公司的PIC系列、Atmel公司的AT90系列单片机等。单片机的发展先后经历了4位、8位、16位和32位等阶段。8位单片机由于具有体积小、功耗低、功能强、性价比高、易于推广应用等显著优点，被广泛应用于工业控制、智能接口、仪器仪表等各个领域，这种单片机在中、小规模应用场合仍占主流地位。目前主要有MCS-51系列及其兼容机型，Motorola的68HC05/08系列、Microchip公司的PIC系列以及Atmel的AVR系列单片机。其中Intel公司的MCS-51系统是其中一款极具代表性的单片机，许多厂家以MCS-51系列中的8051为内涵，推出了许多兼容性的单片机。下面围绕这款单片机，简要介绍单片机的组成及原理。

2. MCS-51单片机结构组成

MCS-51单片机的典型硬件结构如图2-19所示[10]。按照功能划分，单片机可分为8个部件，即微处理器、数据存储器RAM、程序存储器ROM、I/O端口、定时/计数器、串行口、中断系统和特殊功能寄存器。它们通过片内总线连在一起，其结构仍是传统的CPU加外围芯片的结构模式。对于程序存储器，某些型号的单片机有ROM，如8051；有的则是 EPROM，如 8751；而 8031 单片机则没有程序存储器，需要外扩程序存储器。程序存储器的容量也不尽相同。下面对组成 MCS-51 单片机(以下简称 51 单片机)的各部件作简单介绍。

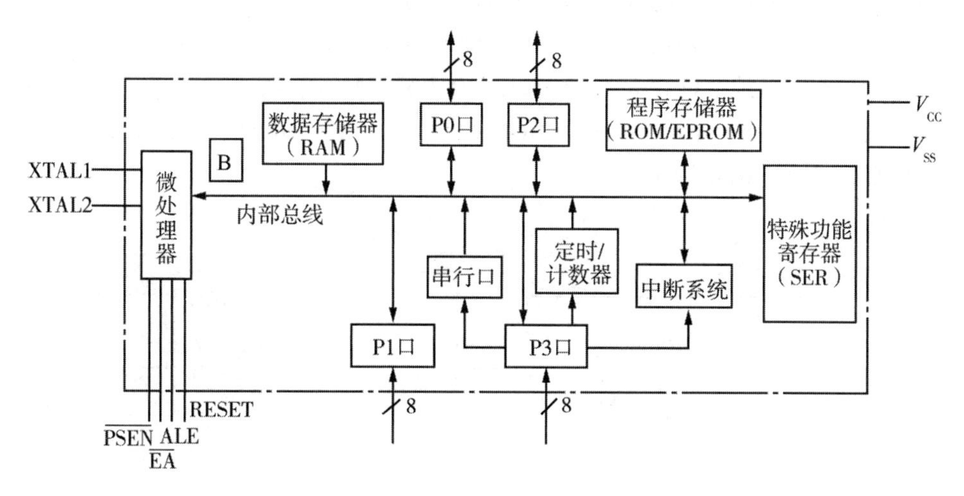

图 2-19　MCS-51 单片机典型硬件结构

(1)微处理器。51 单片机具有 8 位微处理器，内含一个 8 位 CPU，不仅可以处理字节，还可以处理位变量。

(2)数据存储器(RAM)。它用于存放可读写的数据，如运算的中间结果、最终结果以及显示的数据等。51 单片机具有片内 128B/256B，可外部扩展至 64KB。

(3)程序存储器(ROM/EPROM)。它用以存放程序、一些原始数据和表格。8031 没有此部件；8051 为 4KB 的 ROM；8751 为 4KB 的 EPROM。程序存储器可外扩至 64KB。

(4)定时器/计数器。它用以对外部事件进行计数或计时。51 单片机有两个 16 位的定时器/计数器，有 4 种工作方式。

(5)串行口。它用于实现单片机之间或单片机与上位机之间的串行通信。51 单片机具有 1 个全双工 UART(通用异步收发器)串行口，有 4 种工作方式。

(6)中断系统。5 个中断源，2 级中断优先级。

(7)I/O 端口。4 个 8 位输入输出口：P0、P1、P2、P3 口。

(8)特殊功能寄存器 SFR。51 单片机具有 21 个特殊功能寄存器，用于管理各个模块。

单片机的 I/O 端口是很紧俏的资源。对于 MCS-51 系列单片机，虽然有 4 个 I/O 端口，能够使用的接口只有 P1 口和部分 P3 口或者 P2 口(对于 8051/8751，如果没有系统扩展，可以允许用户使用该口)，因此单片机的 I/O 端口常常需要外部扩展。

3. MCS-51 单片机最小应用系统及各引脚功能说明

图 2-20 给出了一个由 MCS-51 单片机时钟电路、复位电路和电源构成的一个最小应用系统的接线图。其各引脚功能概括如下。

(1) VCC：芯片电源，接正 5V。

(2) VSS：接地端，接地 5V。

(3) XTAL1、XTAL2：晶体振荡电路反相输入端和输出端。8051 的时钟有两种方式，一种是片内时钟振荡方式，需在这两个引脚之间接石英晶体和振荡电容(一般取 10～30p)；另一种是外部时钟方式，即将 XTAL1 接地，外部时钟信号从 XTAL2 脚引入。

(4) ALE/PROG：地址锁存允许/片内 EPROM 编程脉冲，其中 ALE 用来锁存 P0 口送出的低 8 位地址，PROG 用于对片内 EPROM 编程期间，此引脚输入编程脉冲。

(5) PSEN：外部 ROM 读选通信号。

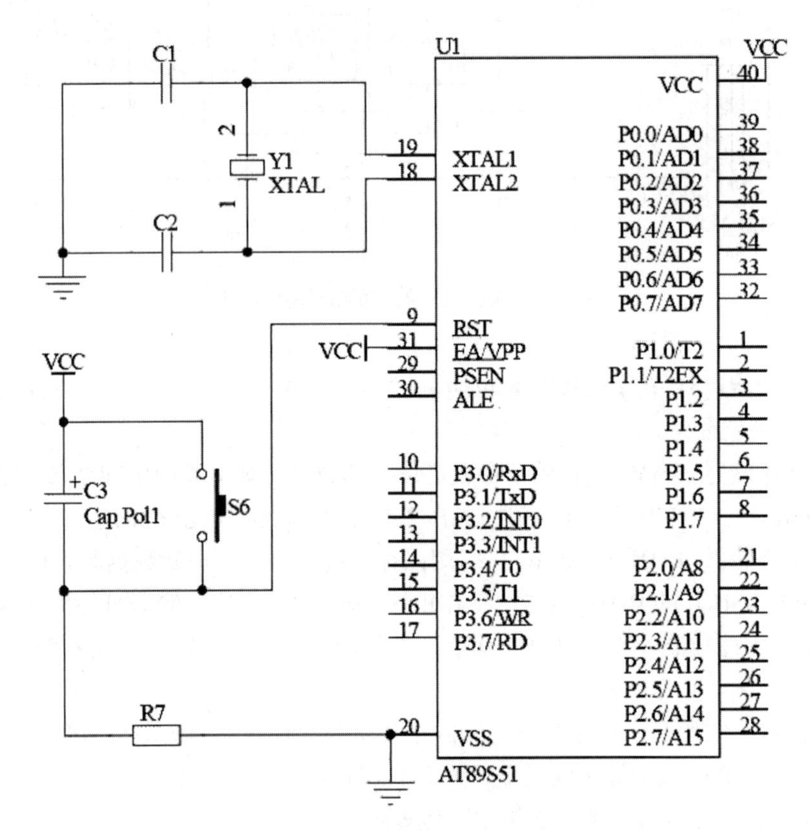

图 2-20　MCS-51 单片机各引脚功能

(6) RST/VPD：复位/备用电源。RST 是复位信号输入端，当复位引脚 RST(第 9 管脚)出现两个机器周期以上的高电平时，单片机就执行复位操作。VPD 的功能是在 *Vcc* 掉电情况下，接备用电源。

(7) EA/Vpp：内外 ROM 选择/片内 EPROM 编程电源。其中 EA 是内外 ROM 选择端，*Vpp* 用于对片内 EPROM 编程期间，施加编程电源 *Vpp*。图 2-20 中 EA 管脚接到了 VCC 上，只使用内部的程序存储器。

80C51 共有 4 个 8 位并行 I/O 端口：P0、P1、P2、P3 口，共 32 个引脚。P3 口还具

有第二功能，如表 2-1 所示，用于特殊信号输入输出和控制信号(属控制总线)。

表 2-1　**MCS-51 单片机 P3 口第二功能**

P3.0	RXD 串行口输入端
P3.1	TXD　串行口输出端
P3.2	INT0　外部中断 0 请求输入端，低电平有效
P3.3	INT1　外部中断 1 请求输入端，低电平有效
P3.4	T0　　定时/计数器 0 外部计数脉冲输入端
P3.5	T1　　定时/计数器 1 外部计数脉冲输入端
P3.6	WR　外部数据存储器写信号，低电平有效
P3.7	RD　外部数据存储器读信号，低电平有效

4. 单片机编程

单片机的编程语言很多，大致可分成三类：机器语言、汇编语言和高级语言。机器语言由于繁琐容易出错，一般用户已经不再使用。常用的编程语言是汇编语言和 C 语言。

汇编语言是一种用助记符来表示机器指令的符号语言，是最接近机器码的一种语言。其主要优点是占用资源少，程序执行效率高，调试起来也比较方便。但是不同类型的单片机，其汇编语言可能有差异，所以不易移植，因为它们有各自不同的指令系统。

单片机 C 语言兼顾了高级语言和汇编语言的功能。它具有功能丰富的库函数，运算速度快，编译效率高，有良好的可移植性，而且可以实现直接对系统硬件的控制。此外，C 语言程序支持模块化程序设计。与汇编语言相比，有如下优点：①不要求了解单片机的指令系统，仅要求对单片机的存储器结构有初步了解。②程序有规范的结构，可分为不同的函数。使程序结构化，改善了程序的可读性。③编程及调试时间显著缩短，从而提高效率。它提供的库包含许多标准子程序，具有较强的数据处理能力。因此，单片机 C 语言作为一种非常方便的语言而得到广泛的支持。例如 Keil C51 系列兼容单片机 C 语言软件开发系统，提供了包括 C 编译器、宏汇编、链接器、库管理和一个功能强大的仿真调试器等在内的完整开发方案，通过一个集成开发环境(μVision)将这些部分组合在一起。初学单片机者在没有单片机硬件时，可以结合单片机仿真软件 Proteus，将 Keil C51 编写好的单片机 C 语言程序，下载到 Proteus 所设计的仿真单片机及其外围电路中，试运行来检测单片机应用系统的硬件设计和软件设计。

5. 单片机应用及编程实例

这里以一个直流电动机的控制应用为例，说明单片机接口技术和 C 语言编程方法。图 2-21 所示为基于 STC15F2K60S2 单片机的直流电动机控制系统 Proteus 仿真模型[11]。该应用是由单片机、直流电动机模型和电动机驱动芯片 LM239D 组成的直流电动机 PWM 控制系统。这款单片机具有 3 路可编程计数器阵列(PCA 模块)，对应单片机的端口 P2. 5/P2. 6/P2. 7，可实现普通 MCS-51 单片机所没有的脉宽调制 PWM 波形输出，减少了编程工作量。接到单片机 P3 口的 P3. 2、P3. 3、P3. 4 的按键 K1、K2、K3 分别控制电机的正转、反转和电机转速设置。LM293D 是一个具有两路独立电压比较器的电机驱动芯片，其中 IN1、IN2 是 PWM 信号输入端，EN1 是使能端，分别接到单片机 P2 口的 P2. 5、P2. 7、P2. 6 引脚。1 个 8 位数码管用于显示当前的电机转速。电动机 C 语言控制程序如下。

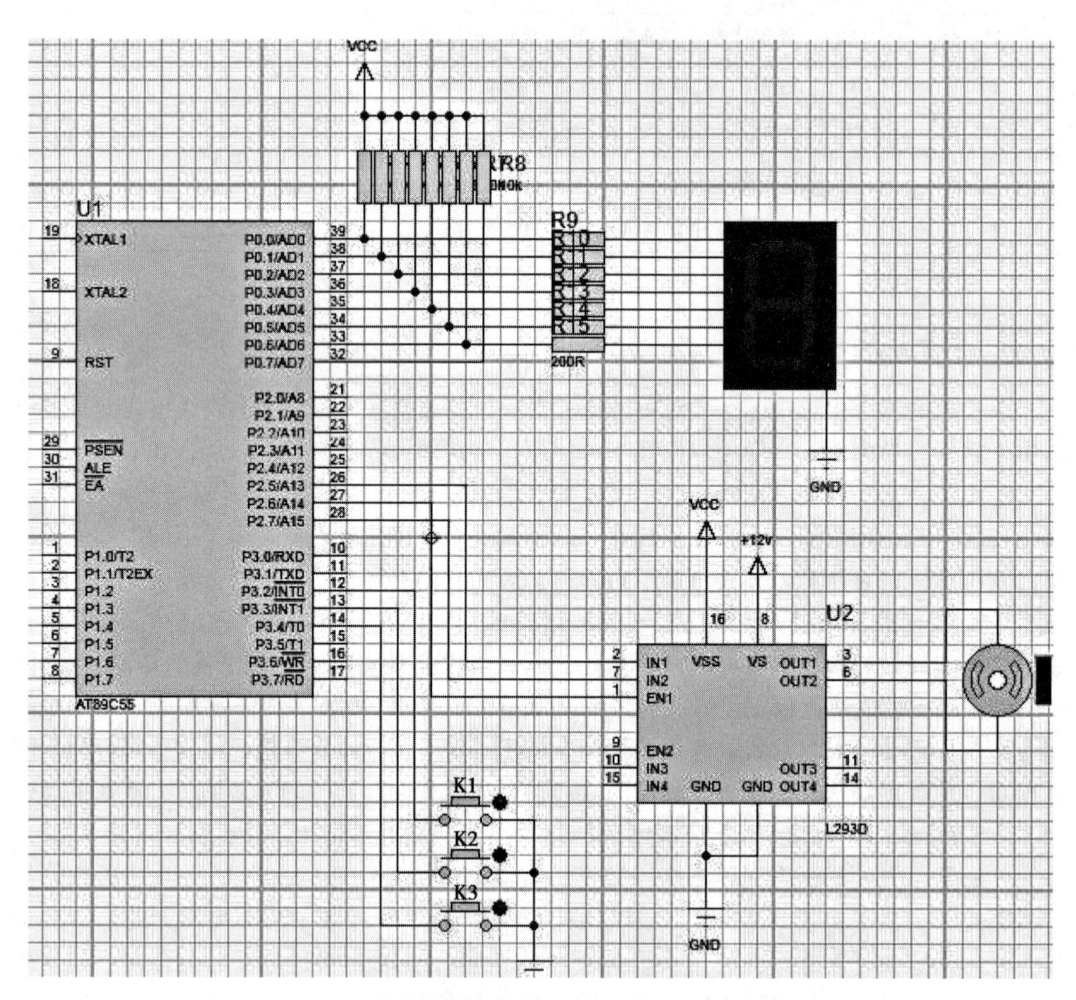

图 2-21　直流电动机的单片机控制系统 Proteus 仿真模型

```
#include <REGX51.H>                    //51 单片机寄存器定义头文件
#define FOSC    12000000               //---宏定义时钟频率 ---
/* 直流电机控制的定义与声明区 --- * /
sbit  IN1 = P2^5;
sbit  IN2 = P2^7;
sbit  EN1 = P2^6;
```

```
/* -- 数码管显示定义与声明区 --- * /
sfr P0M1 = 0x93;
sfr P0M0 = 0x94;
code unsigned char LEDSEG[] =       //---显示 0~9,A~F 笔段代码表 ---
{
  0x3F,0x06,0x5B,0x4F,0x66,0x6D,0x7D,0x07,0x7F,0x6F,0x77,0x7C,
0x39,0x5E,0x79,0x71
};
#define K1     P3_2
#define K2     P3_3
#define K3     P3_4
unsigned char SpeedGrade = 0;                          //定义电动机转速等级
/* --- STC15F2K60S2 单片机的 PCA 模块定义与函数声明区域 --- * /
sfr   P_SW1     = 0xA2;
sfr   CCON      = 0xD8;
sbit  CR        = CCON^6;
sbit  CF        = CCON^7;
sfr   CMOD      = 0xD9;
sfr   CL        = 0xE9;
sfr   CH        = 0xF9;
sfr   CCAPM1    = 0xDB;
sfr   CCAP1L    = 0xEB;
sfr   CCAP1H    = 0xFB;
sfr   PCA_PWM1 = 0xF3;
#define CCP_S0     0x10
#define CCP_S1     0x20
void PCA_Init(void)
{
  unsigned char temp;
  temp = P_SW1;                              //--- 配置 PCA 的复用引脚 ---
  temp &=~(CCP_S0 | CCP_S1);
  temp |= CCP_S1;              //--- P2.5,P2.6,P2.7 为 PCA 复用引脚 ---
  P_SW1 = temp;
  CCON = 0;                                //--- 初始化 PCA 控制寄存器 ---
  CL = 0;                                      //--- 复位 PCA 寄存器 ---
  CH = 0;
  CMOD = 0x02;           //---设置 PCA 时钟源,禁止 PCA 定时器溢出中断 ---
  PCA_PWM1 = 0x00;                       //--- PCA1 工作于 8 位 PWM 模式 ---
```

```
    CCAP1H = CCAP1L = 102;          //--- 设置 PCA1 的 PWM1 占空比 40% ---
    CCAPM1 = 0x42;                          //--- PCA1 设置为 8 位模式 ---
    CR = 1;                                   //--- PCA 定时器开始工作 ---
  }
  void main(void)                                          //---主程序 ---
  {
    unsigned int i;
    P0M1 = 0x00;         //---配置 P0 端口的 P0.0~P0.7 为推挽输出模式 ---
    P0M0 = 0xFF;
    P0 = LEDSEG[SpeedGrade];                              //--- 显示等级 ---
    PCA_Init();                                   //--- 初始化 PCA 模块 1 ---
    while(1)
      {
        if(0 == K1)                                 //---按键 K1 是否按下 ---
          {
            for(i=0;i<1000;i++);                          //--- 延时去抖动 ---
            if(0 == K1)                          //---按键 K1 是否真的按下 ---
              { IN1 = 1;                            //--- 电机正转方向控制 ---
                IN2 = 0;
  }
            while(0 == K1);                         //---等待按键 K2 释放 ---
          }
        if(0 == K2)                                 //---按键 K2 是否按下 ---
          {
            for(i=0;i<1000;i++);                          //--- 延时去抖动 ---
            if(0 == K2)                         //--- 按键 K2 是否真的按下 ---
              { IN2 = 1;                            //--- 电机反转方向控制 ---
                IN1 = 0;
              }
            while(0 == K2);                         //---等待按键 K1 释放 ---
          }
        if(0 == K3)                                 //---按键 K3 是否按下 ---
          {
            for(i=0;i<1000;i++);                          //--- 延时去抖动 ---
            if(0 == K3)                          //---按键 K3 是否真的按下 ---
              {
                SpeedGrade ++;                          //--- 电机速度切换 ---
                if(6 == SpeedGrade)SpeedGrade = 0;
```

```
            P0 = LEDSEG[SpeedGrade];
            CCAP1H = CCAP1L = 102 + SpeedGrade * 25;
                                    //---占空比数值装到 PWM1 寄存器 ---
          }
        while(0 == K3);                       //---等待按键 K3 释放 ---
      }
    }
  }
```

2.3.2 PLC

可编程序控制器(Programmable Logic Controller, PLC)是20世纪70年代以来，在集成电路、计算机技术基础上发展起来的一种新型工业控制设备。由于它具有功能强、可靠性高、配置灵活、使用方便以及体积小、重量轻等优点，国内外已广泛应用于自动化控制的各个领域，并已成为实现工业自动化的支柱产品。尽管 PLC 种类很多，但大部分产品的结构和工作原理相同或相近，不同的是编程语言。

1. PLC 分类

自 1968 年美国莫迪康(Modicon)公司发明 PLC 以来，先后涌现了近千个品牌，历经多年的发展，目前在整个 PLC 业界，西门子、三菱、A-B、Rockwell、施耐德等几家公司的产品代表了业界较高的技术水平。

根据 PLC 的结构形式，PLC 主要可分为整体式、模块式两类。前者将 PLC 的基本部件，如电源、CPU、I/O 接口等部件都集中装在一个机箱内，形成一个整体的基本单元或扩展单元，具有结构紧凑、体积小、价格低等特点。小型 PLC 一般采用这种整体式结构。模块式 PLC 是将 PLC 各组成部分，分别做成若干个单独的模块，如 CPU 模块、I/O 模块、电源模块(有的含在 CPU 模块中)以及各种功能模块。模块式 PLC 由框架(或基板)和各种模块组成，模块装在框架(或基板)的插座上。这种模块式 PLC 的特点是配置灵活，可根据实际需要选配不同规模的系统，而且装配方便，便于扩展和维修。大、中型 PLC 一般采用模块式结构。如三菱 Q 系列 PLC 和西门子的 S300、S400 系列 PLC。还有一些 PLC 将整体式和模块式的特点结合起来，构成所谓叠装式 PLC。叠装式 PLC 的 CPU、电源、I/O 接口等也是各自独立的模块，但它们之间是靠电缆进行连接，并且各模块可以一层层地叠装。这样，不但系统可以灵活配置，还可做得体积小巧。

根据 PLC 所具有的功能高低，还可将 PLC 分为低档、中档、高档 3 类，或按 I/O 点数多少，将 PLC 分为小型、中型和大型三种。小型 PLC 的 I/O 点数一般在 128 点以下，中型 PLC 的 I/O 点数一般在 256~1024 点，大型 PLC 的 I/O 点数一般在 1024 点以上。

2. PLC 的组成结构

PLC 的类型繁多，功能和指令系统也不尽相同，但结构与工作原理则大同小异，通常由中央处理单元(CPU)、存储器、输入/输出接口、电源和外部设备扩展接口等几个主要部分组成。PLC 的硬件系统结构如图 2-22 所示。

(1)CPU：它通过地址总线、数据总线、控制总线与储存单元、输入输出接口、通信接口、扩展接口相连。CPU 是 PLC 的核心，它不断采集输入信号，执行用户程序，刷新系统输出。

(2)存储器：PLC 的存储器包括系统存储器和用户存储器两种。系统存储器用于存放 PLC 的系统程序，用户存储器用于存放用户程序。现在的 PLC 一般均采用可电擦除的 E^2PROM存储器作为系统存储器和用户存储器。

(3)输入与输出(I/O)接口：PLC 输入接口电路的作用是将按钮、行程开关或传感器等产生的信号输入 CPU；PLC 输出接口电路的作用是将 CPU 向外输出的信号转换成可以驱动外部执行元件的信号，以便控制中间继电器线圈等电器的通、断电。PLC 的输入输出接口电路一般采用光耦隔离技术，可以有效地保护内部电路。

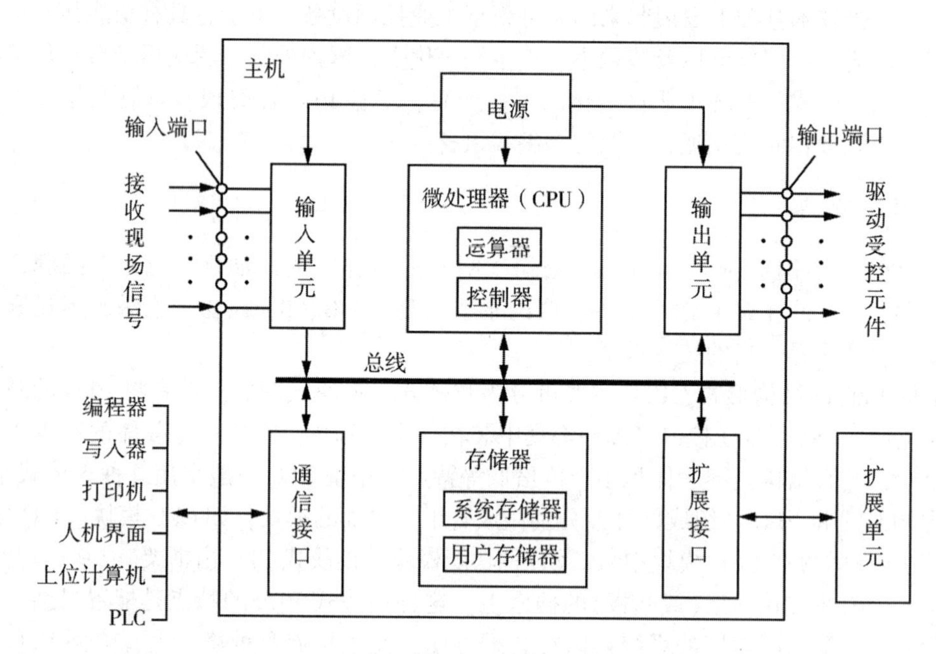

图 2-22　PLC 的硬件组成结构图

(4)扩展接口：其作用是将扩展单元和功能模块与基本单元相连，使 PLC 的配置更加灵活，以满足不同控制系统的需要。

(5)通信接口：其功能是通过这些通信接口可以和监视器、其他的 PLC 或是计算机相连，从而实现“人-机”或“机-机”之间的对话。

(6)电源：PLC 一般使用 220V 交流电源或 24V 直流电源，内部的开关电源为 PLC 的中央处理器、存储器等电路提供 5V、12V、24V 直流电源，使 PLC 能正常工作。

3. PLC 工作原理

PLC 是采用“顺序扫描，不断循环”的方式进行工作的(如图 2-23 所示)。即在 PLC 运行时，CPU 根据存储于用户存储器中的用户程序，按指令步序号(或地址号)做周期性循环扫描，如无跳转指令，则从第一条指令开始逐条顺序执行用户程序，直至程序结束。然后重新返回第一条指令，开始下一轮新的扫描。在每次扫描过程中，还要完成对输入信号的采样和对输出状态的刷新等工作。因此，PLC 的一个扫描周期必包括输入采样、用户程序执行和输出刷新三个阶段。

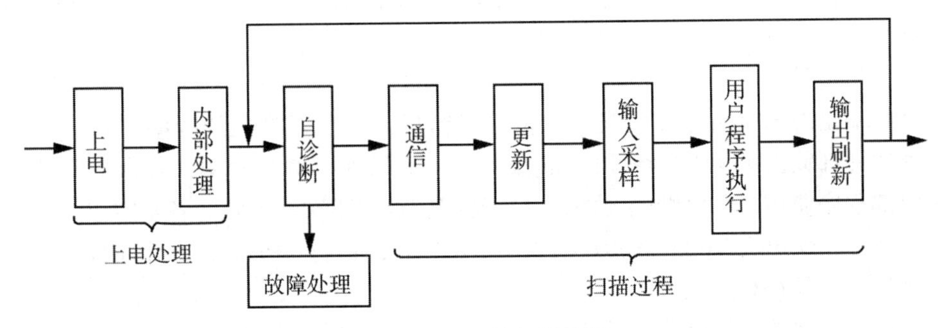

图 2-23　PLC 的扫描周期

(1)输入采样阶段：首先以扫描方式按顺序将所有暂存在输入锁存器中的输入端子的通断状态或输入数据读入，并将其写入各对应的输入状态寄存器中，即刷新输入。随即关闭输入端口，进入程序执行阶段。

(2)用户程序执行阶段：按用户程序指令存放的先后顺序扫描执行每条指令，经相应的运算和处理后，其结果再写入输出状态寄存器中，输出状态寄存器中所有的内容随着程序的执行而改变。

(3)输出刷新阶段：当所有指令执行完毕，输出状态寄存器的通断状态在输出刷新阶段送至输出锁存器中，并通过一定的方式(继电器、晶体管或晶闸管)输出，驱动相应输出设备工作。

除此之外，PLC 的扫描周期还包括自诊断、通信等，如图 2-23 所示，即一个扫描周期等于自诊断、通信、输入采样、用户程序执行和输出刷新等所有时间的总和。

4. PLC 编程元件

鉴于很多机电控制实验，例如本教程模块一实验二中，常采用三菱 FX 系列 PLC，下面以这种 PLC 为例，说明 PLC 编程元件及编程语言。

三菱 FX 系列产品 PLC 内部的编程元件，也就是支持该机型编程语言的软元件，按通俗叫法分别称为继电器、定时器和计数器等，但它们与真实元件有很大的差别，因此一般称为“软继电器”。由于这些“软继电器”只是真实元件功能上的逻辑模拟，所以这些编程用的继电器，它们的工作线圈没有工作电压等级、功耗大小和电磁惯性等问题；触点没有数量限制、机械磨损等问题。在不同的指令操作下，其工作状态可以无记忆，也可以有记忆，还可以用作脉冲数字元件。一般情况下，X 代表输入继电器，Y 代表输出继电器，M 代表辅助继电器，T 代表定时器，C 代表计数器，S 代表状态继电器，D 代表数据寄存器，等等[8]。

1）输入继电器（X）

PLC 的输入端子是接收外部开关信号的窗口，PLC 内部与输入端子连接的输入继电器（X）是用光电隔离的电子继电器，它们的编号与接线端子编号一致（按八进制输入），线圈的吸合或释放只取决于 PLC 外部触点的状态。内部有常开、常闭两种状态的触点供编程使用，且使用次数不限。各基本单元都是八进制输入的地址，输入为 X000～X007、X010～X017 等，它们一般位于 PLC 面板的上端。

2）输出继电器（Y）

PLC 的输出端子是向外部负载输出信号的窗口，输出继电器的线圈由程序控制，输出继电器的外部输出主触点接到 PLC 的输出端子上供外部负载使用，其余的常开、常闭触点供内部程序使用。输出继电器的常开、常闭触点使用次数不限。各基本单元都是八进制输出的地址，输出为 Y000～Y007、Y010～Y017 等，它们一般位于 PLC 面板的下端。

3）辅助继电器（M）

PLC 内有很多辅助继电器，其线圈与输出继电器一样，由 PLC 内各软元件的触点驱动。辅助继电器也称中间继电器，它与外界没有联系，外界输入、输出不能直接使用辅助继电器，只供内部编程使用。辅助继电器的常开、常闭触点使用次数不受限制。由于这些触点不能直接驱动外部负载，外部负载的驱动必须通过输出继电器 Y 来实现。

4）定时器（T）

定时器用于程序的定时控制。它一般包括通用定时器和积算定时器两类。通用定时器的特点是不具备断电保持功能，即当输入电路断开或停电时定时器复位。通用定时器有 100ms 定时（T0～T199）和 10ms 定时（T200～T245）两种。积算定时器具有计数累积的功能。在定时过程中，如果断电或定时器线圈断开，积算定时器就保持当前的计数值，通电或定时器线圈接通后继续累积，即其当前值具有保持功能，只有将积算定时器复位，才会使当前值变为 0。

5）计数器（C）

计数器的作用是用于计数控制，它一般包括内部计数器和高速计数器两类。内部计数器（C0～C234）在执行扫描操作时对内部信号进行计数，其中 C0～C199 为 16 位增计数器，C200～C234 为 32 位增/减计数器。高速计数器与内部计数器相比，具有输入频率高且都有断电保持功能，通过参数设定也可变成非断电保持，其中 C235～C245 为单相单计数输入高速计数器，C246～250 为双相双向输入高速计数器，C251～255 为 A/B 相双向高速计数器。在 FX2N 型 PLC 中适合用作高速计数输入的端口为 X0～X7，输入端口不能重复使用。

6）数据寄存器（D）

PLC 在进行输入输出处理、模拟量控制、位置控制时，需要许多数据寄存器存储数据。数据寄存器为 16 位，最高位为符号位。可用两个数据寄存器来存储 32 位数据，最高位仍为符号位。数据寄存器有以下几种类型：通用数据寄存器 D0～D199 共 200 点，断电数据自动清零；断电保持数据寄存器 D200～D7999 共 7200 点，有断电保持功能。

其他常用的寄存器还包括状态继电器（S），主要用于编写顺序控制程序，一般与步进控制指令配合使用。至于变址寄存器 V/Z，除了和普通的数据寄存器有相同的使用方法外，还常用于修改器件的地址编号，此处就不一一赘述了。

5. 三菱 PLC 编程语言及编程工具

根据国际电工委员会制定的工业控制编程语言标准 IEC61131-3，PLC 的编程语言包括 5 种：梯形图(Ladder Diagram，LD)、功能块图(Function Block Diagram，FBD)、顺序功能图(Sequential Function Chart，SFC)、指令表(Instruction List，IL)和结构化文本(Structured Text，ST)。前面 3 种属于图形化编程语言，后面 2 种属于文本化编程语言。工程实践中常用的编程语言主要是梯形图，它是从继电器控制系统原理图的基础上演变而来的，与继电器控制系统梯形图的基本思想是一致的，只是在使用符号和表达方式上有一定区别。它具有直观性和对应性，与原有继电器控制相一致，设计人员易于掌握。梯形图编程语言与原有的继电器控制的不同点是，梯形图中的能流不是实际意义的电流，内部的继电器也不是实际存在的继电器，应用时需要与原有继电器控制的概念区别对待。下面以一个实例，来简要介绍梯形图编程方法。

图 2-24 是交流电动机的正反转控制梯形图程序语言，图 2-25 是主电路及 PLC 控制电路接线图。图 2-24 中的梯形图两侧的垂直公共线称为母线，在分析梯形图的逻辑关系时，为了借用继电器电路图的分析方法，可以想象左右两侧母线(左母线和右母线)之间有一个左正右负的直流电源电压，母线之间有“能流”从左向右流动。梯形图中的逻辑运算是按从左至右、从上到下的顺序进行的。运算的结果马上可以被后面的逻辑运算所利用。

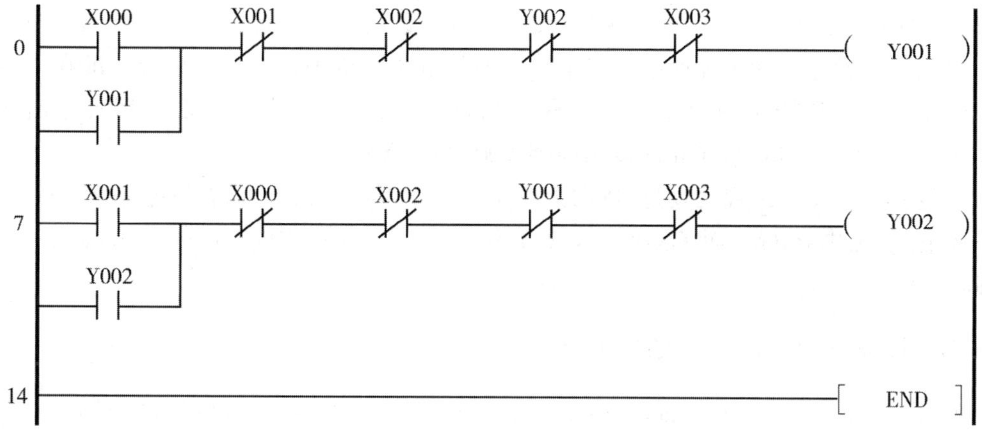

图 2-24 PLC 编程的梯形图语言

图 2-24 中，X000、X001、X002、X003 分别对应正转、反转、停止按钮和热继电器 FR 的 PLC 输入触点，Y001 和 Y002 分别对应正转接触器和反转接触器的 PLC 输出线圈和触点。分析该程序可以发现，当正转按钮 X000 按下，而反转按钮 X001 没有按的时候，第一行梯形图语句被执行，此时正转接触器 Y001 得电，电机正转。反之，反转电机反转

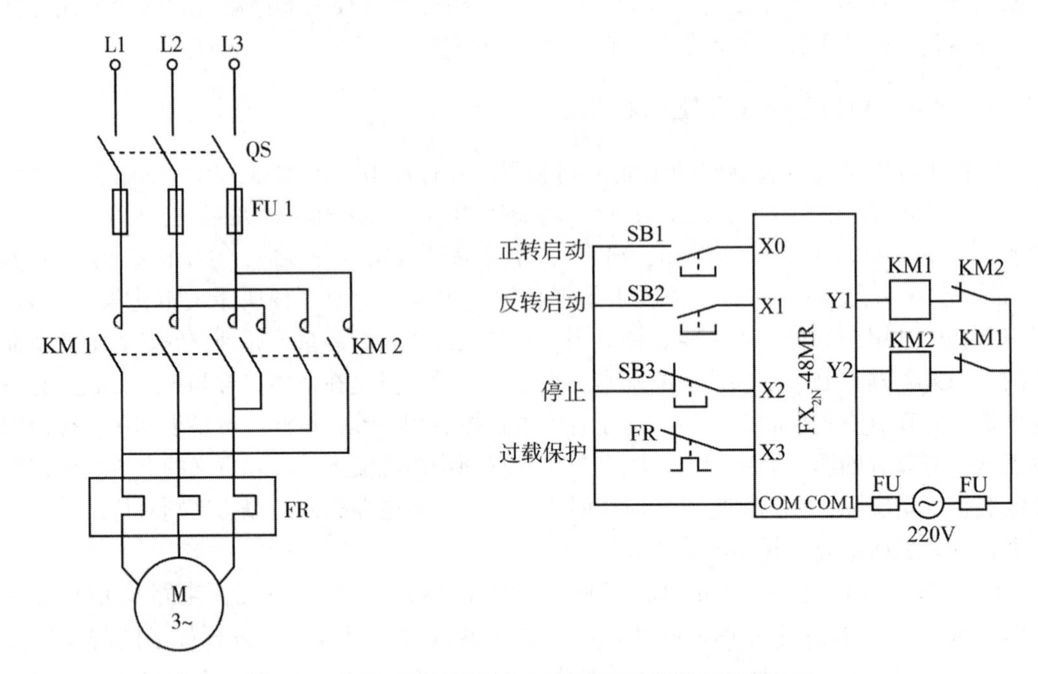

图 2-25　电机正反转控制主电路及 PLC 控制电路接线图

接触器 Y002 得电。这个程序中采用了自保持设计，即当按下 X000 或 X001 按钮瞬间，输出触点 Y001 或 Y002 的线圈自动保持吸合状态，不必一直按着正反转按钮。程序中还采用了互锁设计，电机正转和反转控制语句行中，各串联了一个 Y002 或 Y001 的常闭触点，这样当正转按钮按下时，电机不可能反转，实现了设备的安全运行，反之亦然。图 2-25 的 PLC 控制电路中，为了确保硬件安全，在硬件电路中也采用了互锁设计，即在正转输出线圈 Y001 的控制电路中串接了反转输出线圈 Y002 的常闭触点 KM2，反转输出线圈 Y002 的控制电路中亦串接了正转输出线圈 Y001 的常闭触点 KM1。

三菱 PLC 的主要编程工具是 GX-Developer 和 GX-Works 2，但前者只能在 Windows XP 以下操作系统中运行，而 GX-Works 2 不仅支持 Windows XP，也支持 Windows 7 和 Windows 10。

2.3.3　DSP 及 PMAC 运动控制卡

PMAC 的全称是 Programmable Multi-Axis Controller，即可编程多轴运动控制卡，简称 PMAC。它是美国 Delta Tau Data System 公司出产的一系列控制卡的简称，常用的有 PMAC1、PMAC2、Turbo PMAC1、Turbo PMAC2、UMAC、Clipper 等。PMAC 采用了 Motorola 公司的高性能信号数字处理器 DSP 作为 CPU，最多可控制 32 个伺服轴。其伺服周期单轴可达 60μs，二轴联动为 110μs。与同类产品相比，PMAC 的特性给系统集成者和最终用户提供了更大的柔性。并且每轴可分别配置成不同的伺服类型和多种反馈类型。它应用于计算机硬盘的超高精度的伺服磁道写入，高级 CNC 数控机床控制，以及机器人、硅晶片处理、激光切割等广大领域，最著名的例子是 PMAC 被用来控制哈勃望远镜镜面的修磨。PMAC 可以控制步进电机、交直流伺服电机、直线电机等各类电机，可以接收诸如增量/绝对码盘、光栅尺、激光干涉仪、电位计、旋转变压器等检测元件的反馈。另外，作为 CNC 最深层次 NC 内核的开放，PMAC 允许用户使用诸如 C、C++ 、VB、Delphi 等多种语言开发程序，极大地方便了用户。它是构成开放式数控系统的重要组成部件。

1. PMAC 分类

PMAC 卡按控制电机的控制信号来分，有 1 型卡和 2 型卡。1 型卡输出±10V 模拟量，主要用速度方式控制伺服电机。2 型卡输出 PWM 数字量信号，可直接变为 PULSE+DIR 信号，来控制步进电机和位置控制方式的伺服电机。

PMAC 卡按控制轴数来分，有 2 轴卡、4 轴卡、8 轴卡、32 轴卡，如 Turbo PMAC2 Clipper 即 32 轴卡，可在 16 个独立的坐标系中控制 32 轴，而标准版本的 PMAC 只能在 8 个坐标系中控制 8 轴。

PMAC 卡按通信总线形式分，有 ISA 总线、PCI 总线、PC104 总线和 VME 总线。目前，PMAC 各种轴数的 1 型和 2 型卡，都有上述的计算机总线方式供选择。支持 ISA、PCI、PC104、VME 等标准总线形式，其四种硬件结构包括 PMAC PC、PMAC Lite、PMAC VME、PMAC STD。虽然每种卡在形状、总线结构及某些特定端口的性能方面有所不同，但除在某些端口有不同的存储映射外，它们都有相同的在板固件。因此，在它们任何一款中编写的程序均可以在其他款式中运行。

2. PMAC 卡硬件组成与工作原理

由图 2-26 可见，PMAC 除了具有普通计算机的 CPU、程序存储器、数据存储器、普通 I/O 端口、12 位的 A/D 转换模拟量通道和各种通信接口外，它还具有特别设计的 4 路 DSP 门阵列电路和双端口 RAM。每个 DSP 门阵列都可以处理 4 路模拟量输出、4 个光电编码器输入和 4 路来自扩展板的模拟量输入。双端口 RAM 主要用来进行快速的数据通信和命令通信。一方面，双端口在写数据时，在实时状态下能够快速地将位置数据信息或程序信息进行重复下载。另一方面，双端口在读数据时，可以快速地重复获取系统的状态信息，例如交流伺服电机的状态、位置、速度、跟随误差等数据可以不停地被更新，并且能够被自动地写入。图 2-27 是型号为 Turbo PMAC Clipper 的运动控制卡实物图。

一个包括 PMAC 和控制对象在内的控制系统组成框图如图 2-28 所示。PMAC 的工作原理可以简述成：用户通过上位计算机编程，并通过通信接口将编译好的程序下载到 PMAC 卡的存储器中。CPU 执行存储器中用户所编写的运动程序或上位机发来的在线指令，通过门阵列电路驱动电机产生相应的运动，并通过门阵列电路接收来自伺服电机编码器的输入，根据运动误差进一步驱动伺服电机产生所需的精确运动。

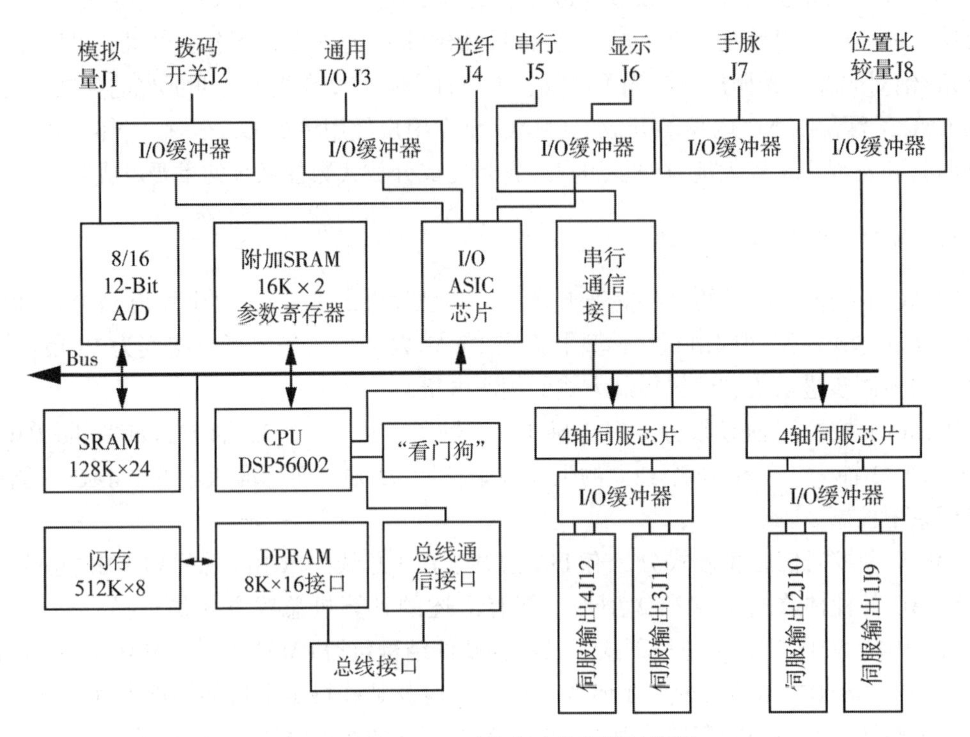

图 2-26　PMAC 运动控制卡的硬件结构图

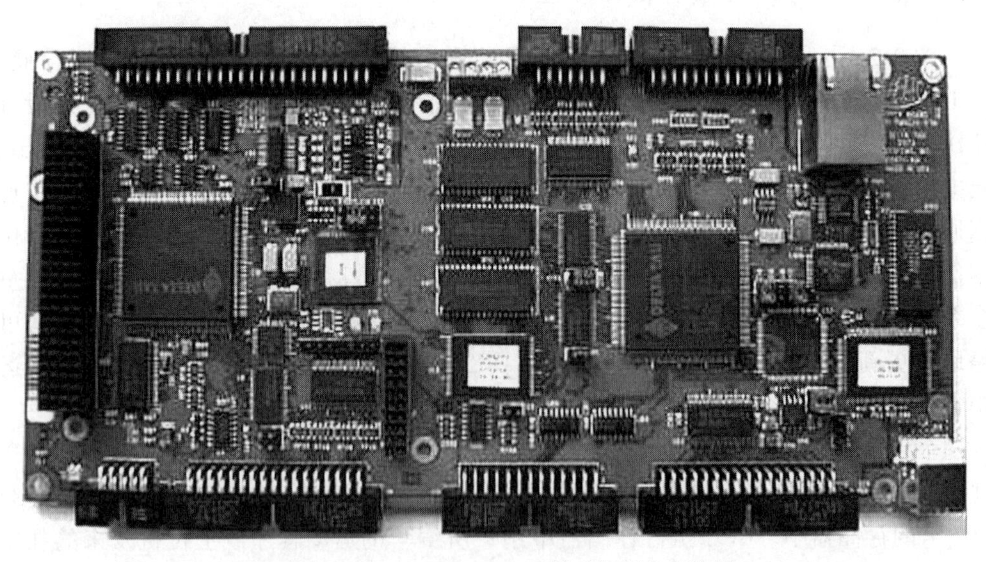

图 2-27　Turbo PMAC Clipper 运动控制卡实物图

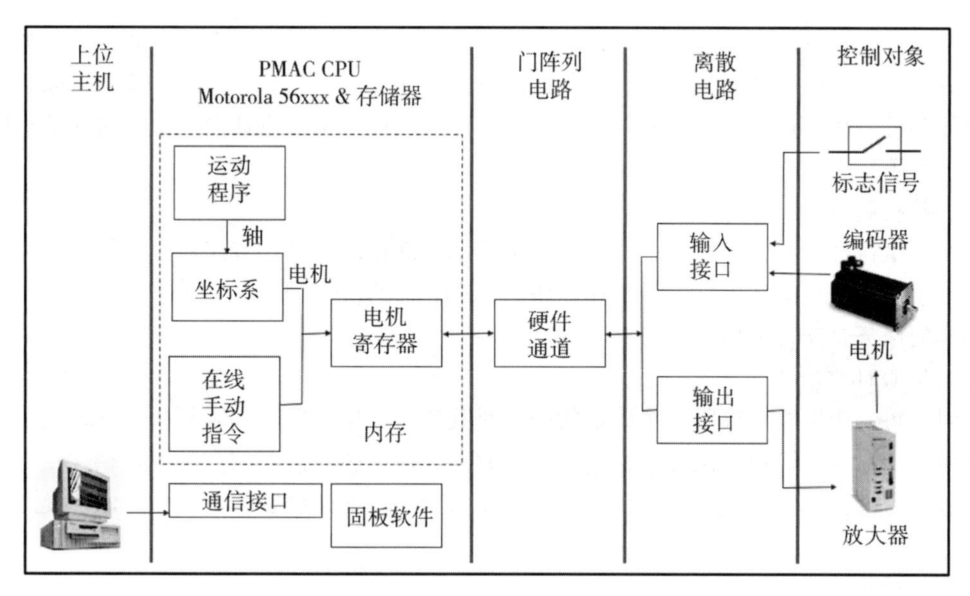

图 2-28　PMAC 系统组成框图

3. PMAC 的功能与任务优先级

PMAC 可以通过类似 Basic 的高级语言控制多轴运动，它提供了运动控制、可编程逻辑控制、同主机交互等基本功能；并具有各种现场总线和多种反馈装置接口。PMAC 的最大特点是开放性，允许用户根据自己的用途使用内部寄存器。PMAC 的编码器反馈地址、A/D 和 I /O 与内部寄存器一样是统一编址，可以像使用 PMAC 其他内存一样来操作编码器反馈、A/D 和 I/O，使用非常方便。内部寄存器和 A/D、I/O 的地址既可以使用 PMAC 的默认值，也可以由用户重新定义，以满足不同的需要。

以下是 PMAC 的一些功能特点：

(1)多轴插补联动；

(2)可同时运行多个运动程序和 PLC 程序；

(3)多种插补方式和 S 曲线加减速；

(4)空间任意平面刀具半径补偿；

(5)螺距补偿、反向间隙补偿和力矩补偿；

(6)高速高精度位置捕捉(25ns)和位置比较(100ns)；

(7)支持 G、M、T、D 代码；

(8)电子齿轮和电子凸轮；

(9)运动程序旋转缓冲区；

(10)时基控制。

PMAC 可编程多轴运动控制卡不仅可以像普通计算机一样运行，还可以通过设置变量来控制运动过程。它不仅具有开环指令，还具有闭环指令，其基本功能如下。

1)执行运动程序

当执行运动程序时，一次执行程序的一条指令，进行该运动命令包括非运动任务的所有计算，从而为该运动的执行做好准备。PMAC 可支持 256 个运动程序，任意坐标系在任何时候都可以执行这些程序中的任意一个。一个运动程序可以将任何一个其他运动程序作子程序调用。

2)执行程序

当在执行那些不是用运动的顺序来直接协调的动作时，这些程序不适于做坐标系的运动。对于这些类型的任务，提供给用户编写“程序”的能力。这些程序对于在运动顺序上不同步的任务是非常有用的。

3)伺服环更新

对于每一个电机，都以一个固定的频率对其进行伺服更新。伺服更新先根据运动程序或其他运动命令计算得到位置增量，然后将此与反馈传感器读回的实际位置相比较，最后在两者之差的基础上发出一个输出命令使此差值变小，如此反复，直到此差值在允许的范围内。

4)换相更新

对于一台多相电机，自动地以一个固定的频率(缺省为 9kHz 左右)进行换相更新。换相更新，就是测量并估算转子的磁场方向，然后再处理电机的相之间的指令。

5)资源管理

定期自动地执行资源管理的功能，以确定整个系统是否处于正常工作状况。这些功能包括安全检查、“看门狗”计时器的更新等。如果任何的硬件或软件的问题使这些功能不能得到执行，则“看门狗”计时器将会被触发，从而使卡关闭。

6)与主机通信

PMAC 可以在任何时间与主机通信，甚至在一个运动序列中间。例如接收一个命令，然后采取相应的动作，将命令放入一个程序缓冲区以便以后执行，提供数据以响应主机，开始电机的移动等。如果命令是非法的，它将会向主机报错。

PMAC 是一个真正的实时多任务的计算机，完善的任务优先级确保所有的任务都能快速执行。当优先级确定以后，不同任务的执行频率可由程序员自己控制。各任务优先级由高到低如下：

(1)单字符输入/输出：每个字符占用 200ns，最高优先级保证 PMAC 在字符操作时不会失去主机的控制。

(2)换相更新：缺省时无刷电机换相周期为 110μs(换相操作占用 3μs)，占用 PMAC 运算能力的 3%。

(3)伺服环更新：计算新的指令位置，读入新的实际位置，计算输出差值，缺省的伺服更新时间为 442μs(更新操作占用 30~60μs)，占用 PMAC 运算能力的 7%。

(4)实时中断(每 I8+1 个伺服更新周期)：完成运动程序准备(每当开始一个新的运动，设置一个内部标志)，并使能前台的 PLC0 和 PLCC0。

(5)后台任务：执行使能的 PLC 和 PLCC，通信响应、安全检查、限位、放大器错误、“看门狗”监测。

4. PMAC 上位机软件

PMAC 控制卡的上位机软件有三个，分别为：PeWin32 Pro、PMAC Tuning 和 PMAC Plot 32 Pro。

(1)PeWin32 Pro 是由 Delta Tau 公司提供的用于建立和管理 PMAC 应用系统的开发工具，它提供给用户一个友好的面向 PMAC 的串行口终端界面和一个用来编辑 PMAC 运动程序及 PLC 程序的文本编辑器。除此之外，PeWin32 Pro 还包括一套配置和运行 PMAC 及其附件的界面，例如电机驱动、各种变量设置、坐标系设置、观察 PMAC 各变量和状态寄存器的窗口，等等。这些界面用来与 PMAC 控制卡建立通信、调试并诊断错误；给 PMAC 控制卡发送在线指令；监视 PMAC 控制卡控制的电机、坐标系和系统状态；监视、修改和查询 PMAC 控制卡中的变量，包括系统变量和用户变量；备份和恢复 PMAC 控制卡的总体设置。PeWin32 Pro 的主界面如图 2-29 所示，它包括 Terminal 窗体、编辑窗口、观察窗口、全局状态窗口、电机状态窗口和运动位置窗口等。其中 Terminal 窗体如图 2-30 所示，在该窗体里可以键入在线指令、运行程序并观察返回值。图 2-31 为 PeWin32 Pro 软件下的程序编辑窗口，在该窗体下，可进行运动程序的编程、编译和下载。

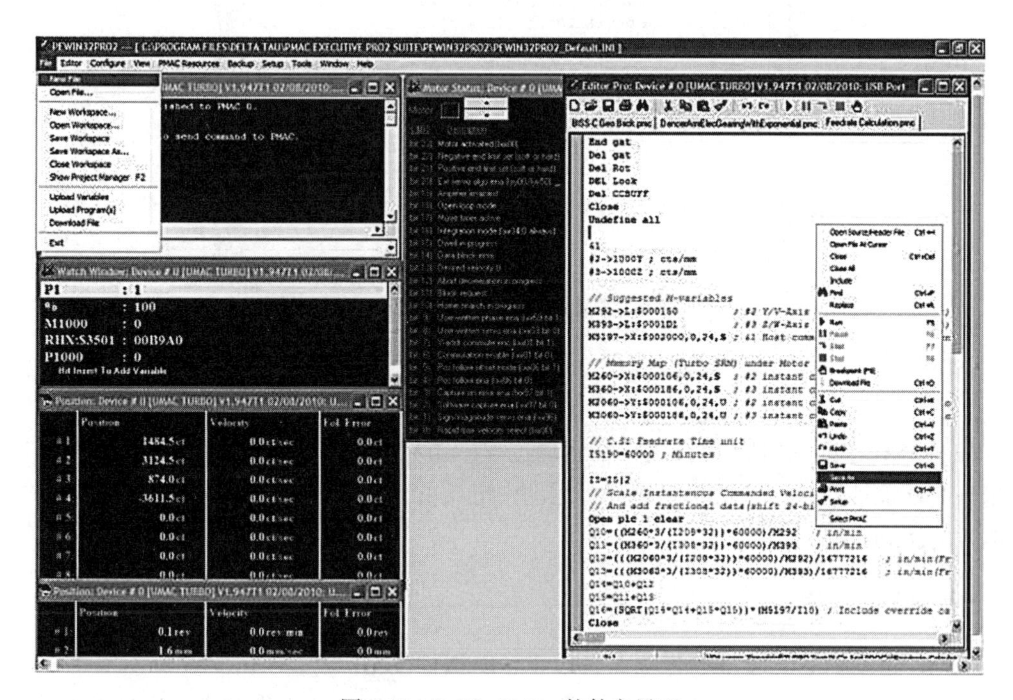

图 2-29　PeWin32 Pro 软件主界面

(2)PMAC Tuning 一般用于控制系统的 DAC 偏差校正、PID 环和电流环控制的参数调节，可以优化电机的速度和加速度特性。该软件提供 PID Auto-Tuning 自动调整功能，易于调整 PID 控制参数。Auto-Tuning 自动调整功能是根据电机的运动估算响应，根据所需响应自动计算需要的增益值。PMAC 的 Auto-Tuning PID 自动调整适用于从未使用过

PMAC Executive Auto-Tuning 的用户。

图 2-30　PeWin32 Pro 软件下的 Terminal 窗体界面

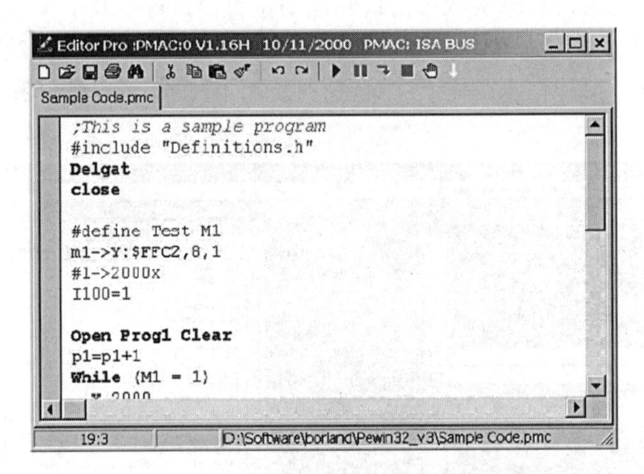

图 2-31　PeWin32 Pro 软件下的程序编辑窗口

(3)PMAC Plot 32 Pro 允许用户在运动过程中访问 PMAC 控制卡中各种内存寄存器或者采集 I/O 地址信息，并且绘制和分析运动中电机的位移、速度、加速度等曲线，以便观察电机的运动状况。

5. PMAC 变量

PMAC 运动控制卡编程中包含 I、M、P、Q 四种变量。

其中 I 变量用于设定系统初值或变量值并且定义控制卡的工作性质。用户可以针对不同的应用进行大量的初始设置 I 变量。许多 I 变量可以对特定的电机进行恰当的设置，这些 I 变量会存储到非易失性的 E^2PROM 存储器中(在 PeWin32 Pro 中使用 save 指令)，这样控制卡会在上电时自动加载存储到 E^2PROM 中的 I 变量。用户不需要重新设置。PMAC 控制卡共有 1024 个 I 变量，即 I0~ I1023，其中 100 号以内为系统级别变量，其余为通道级别变量。所谓通道级别，是指针对不同电机的工作要求所需设置的变量，I 变量对应的功能如表 2-2 所示。

表 2-2 **PMAC 中 I 变量功能对应表**

I 变量	对应功能
I00~I79	PMAC 卡的全局变量
I80~I99	连接旋转变压器的设置
I100~I186	#1 号电机的设置变量
I187~I199	&1 号坐标系的设置变量
I200~I286	#2 号电机的设置变量
I287~I299	&2 号坐标系的设置变量
……	……
I800~I886	#8 号电机的设置变量
I887~I899	&8 号坐标系的设置变量
I900~I909	门阵列 IC 设置
I910~I989	第 1~8 号通道硬件设定
I990~I1023	辅助通道与 MACRO 设定

P 变量为全局用户变量，用于 PMAC 控制卡编程中的计算，以 48 位浮点的形式存在于控制卡 ROM 中的一个不改变的存储点，共有 1024 个，从 P0 到 P1023，用户可以随意定义使用，但是不能重复定义。

Q 变量与 P 变量一样，都是用户全局变量、48 位浮点变量，共有 1024 个，范围为 Q0~Q1023，能够参与 PMAC 控制卡编程中的计算。不同的是，每个 Q 变量与配对的坐标系紧密相连，同一个 Q 变量可以存在于不同的坐标系中，而且占用地址也是不一样的。当遇到需要应用 PMAC 控制卡的同一个地址时，需要在不同的坐标系中定义对应不同的 Q 变量。

M 变量用于访问 PMAC 控制卡内存地址和 I/O 点地址，M 变量没有预先定义，用户必须通过定义 M 变量的地址来访问 PMAC 控制卡的地址，M 变量定义好后，可用于计算和判别触发。M 变量称为 PMAC 控制卡的地址指针变量，变量范围为 M0 到 M1023。M 变量一旦定义，可通过卡的后备电池和闪存被保存下来。M 变量可以是一位的，也可以是一个字节(8 位)、一个 24 位的字或者一个 48 位的浮点双字。

6. PMAC 在线命令

许多发送给 PMAC 卡的指令都是在线指令，在线指令可以立刻被 PMAC 运行而引起电机动作，或将一些数据返回。像 P1=1 这样的指令，如果没有打开运动程序缓冲区，可以立刻被运行。如果打开运动程序缓冲区，就会被储存在缓冲区中。像“X1000 Y1000”这样的指令，不是在线指令。如果没有打开缓冲区，这些指令将会被 PMAC(如果 I6 被设定成 1 或 3，PMAC 返回 ERR005）拒绝执行。其他的在线指令，例如 J+，不能放到程序缓冲区中去。（举例来说，除非以 CMD“J+”的形式）。

在线指令有三个基本类型：

1）定义电机指令

只影响当前被选址的电机，例如：J+、J-。电机是通过#n 命令来选择的，其中 n 是电机的序号，范围是 1 到 8。PMAC 始终将指令发送给当前的电机，直到另一个#n 指令改变为止。例如：#1J- #2J+，就是电机#1 反转，同时电机#2 正转。相同的命令还有：全部手动运动命令、回零命令、开环命令，报告电机位置、速度、跟随误差的命令。

2）定义坐标系指令

只影响当前被选址的坐标系，例如：R、A。坐标系是通过 &n 命令来选择的，其中 n 是坐标系的序号，范围是 1 到 8。PMAC 始终将指令发送给当前的电机，直到另一个 &n 指令改变为止。例如：&1B6R&2B8R 就是坐标系 1 执行 6 号程序，同时坐标系 2 执行 8 号程序。相同的命令还有：全部程序运行命令、轴定义指令、一般缓冲区指令。

3）全局指令

不论选址如何，都影响卡的特性的指令就是全局指令，例如 I100 = 1 等，还有类似 <Ctrl+A>等这样的指令。常见的在线指令如表 2-3 所示。

表 2-3　**PMAC 常用在线指令**

命 令	意 义	命 令	意 义
OPEN PROG	打开运动程序缓冲区	R	执行当前程序
CLOSE	关闭当前打开的缓冲区	A	取消当前程序
CLEAR	删除打开的缓冲区的内容	Q	退出当前运动程序
& n	将第 n 号坐标系作为当前坐标系	S	单步执行当前的运动程序
# n	将第 n 号电机作为当前控制电机	K	关闭给电机的输出
#n J+	n 号电机正向微动	P	查询电机位置
#n J/	n 号电机恢复闭环控制	V	查询电机速度
#n O	n 号电机开环控制	B n	将程序指针指向第 n 号运动程序
HOME	执行电机回零程序	CTRL-Q	退出所有运动程序
CTRL-A	取消所有的运动程序和运动	CTRL-K	取消所有电机的输出
CTRL-I	在主机上重复最后一个指令	CTRL-X	取消当前 PMAC 命令和响应字符
CTRL-B	将所有电机的状态字报告给主机	CTRL-C	将所有坐标系的状态字报告给主机
CTRL-P	报告所有电机的位置	CTRL-V	报告所有电机的速度
HM	执行电机的回零程序	$	重置电机、反馈装置和调整相位

7. PMAC 编程

PMAC 的编程语言类似于 BASIC 等高级语言，通过编写运动程序就可以实现直线混合运动、运动程序中的触发运动、圆弧插补运动、PVT 模式运动、样条运动、同步运行、刀具半径补偿、轴转换矩阵等运动和补偿功能。其编程指令除包括类似于 Basic 等高级语言常用的逻辑控制指令(如 IF、ENDIF、ELSE、WHILE、ENDWHILE 等指令)外，还具有一些数学运算指令如 ABS、EXP、SIN、ASIN、SQRT 等，常见的插补编程命令如表 2-4 所示。

表 2-4　**常用的插补编程命令**

命令	意义	命令	意义
LINEAR	线性插补运动模式	F	指定进给速度
CIRCLE1	顺时针圆弧插补运动	S	设置主轴速度
CIRCLE2	逆时针圆弧插补运动	T	工具选择代码
PVT	设置位置-时间-速度模式	G	准备代码(G 代码)
RAPID	快速运动模式	X，Y，Z	*X*、*Y*、*Z* 轴运动数值
NORMAL	指定运动平面	SPLINE1	均匀三次样条运动模式
DWELL	延迟指定的时间	SPLINE2	非均匀三次样条运动模式
INC	增量运动模式	CC1	建立左刀补
ABS	绝对运动模式	CC2	建立右刀补
TM	指定运动时间	CCR	设置刀补半径
TS	设置 S 曲线加速时间	CC0	关闭刀具半径补偿
TA	设置加速运动时间		

下面以一个示例来说明 PMAC 程序结构及编程命令，其中“；”以后的是注释。

```
* * * * * * * * * * Set-up and Definitions * * * * * * * * *
&2                  ; 指定坐标系 2
CLOSE               ; 确认所有缓冲寄存器关闭
#5->1000X           ; 指定电机 X 方向移动单位距离为 1000 个计数脉冲
; * * * * * * * * * Motion Program Text * * * * * * * * * *
OPEN PROG 2         ; 打开 Program #2
CLEAR               ; 清除现有的缓冲区内容
LINEAR              ; 打开直线插补模式
INC                 ; 指定增量模式
TA500               ; 指定加速时间为 500ms
TS250               ; 指定每半个 S 曲线时间为 250ms
```

```
P1=0            ;初始化循环变量 P1 为零
WHILE(P1<10)    ;循环执行直到条件不成立(10 次循环)
X10             ;向 X 轴正方向移动 10cm
DWELL500        ;等待 500ms
X-10            ;向 X 轴反方向移动 10cm
DWELL500        ;等待 500ms
P1=P1+1         ;循环变量加 1
ENDWHILE        ;循环结束
CLOSE           ;关闭缓冲区,程序结束
```

运行这个程序的指令要在图 2-29 所示的 Terminal 窗口中输入 &2 B2 R。

PMAC 卡还可以接收数控的 G 代码程序，因此如果不熟悉 PMAC 编程语言的用户也可以直接采用 G 代码编程，PMAC 编译程序时会把 G 代码程序转换为上述的编程语言。

2.3.4 工控机

工控机(Industrial Personal Computer，IPC)即工业控制计算机，是一种采用总线结构，对生产过程及机电设备、工艺装备进行检测与控制的工具总称。IPC 具有重要的计算机属性和特征，如具有计算机主板、CPU、硬盘、内存、外设及接口，并有操作系统、控制网络和协议、计算能力、友好的人机界面。但是 IPC 具有丰富的输入输出模板，且实时性好、系统扩充性和开放性好、可靠性高、环境适应性强、系统通信功能强、控制软件包功能强、人机交互方便等优点。工控机与商用及个人机比较，它的特点是强大的过程输入输出能力、高可靠性、抗干扰性与实时性。

1. 分类

工业控制计算机是具有“高可靠性、恶劣环境适应性、易维护性、强实时性、易扩展性”特点的计算机，其范畴主要包括工业计算机(Industrial Computer)、工业/嵌入式平板电脑(Industrial/Embedded Panel Computer)、工业平板电脑(Industrial Panel Computer)、加固工业计算机(Rugged Industrial Computer)、工业 PC(Industrial PC)、单板机(Single Board Computer)、模块化计算机(Computer on Modules)、加固计算机(Rugged Computer)、加固便携电脑(Rugged Laptop)、嵌入式计算机(Embedded Computer)、嵌入式 PC(Embedded PC)、嵌入式系统(Embedded System)。按照应用环境的不同，工控机又可分为总线型工控机和嵌入式工控机。

(1)总线型工控机。总线型工控机是指基于系统总线或局部总线，并按工业环境要求的电气和机械规范而设计的工业控制计算机。先后发展起来的工控机总线包括 STD 总线、VME 总线、PXI 总线、PC104/PC104 Plus、PCMCIA 总线、PMC 总线、Compact PCI 总线。目前的发展趋势是串行接口总线如 SATA、USB 等，已经逐渐取代了并行接口总线，业已成为主流接口总线，并行总线还会存续一段时间。

(2)嵌入式工控机。嵌入式工控机是指嵌入在各种工业应用系统内部，在恶劣环境中能够连续可靠工作的专用型工业控制计算机。“嵌入性”“专用性”与“计算机系统”是嵌入

式计算机的三个基本要素。早期的嵌入式工控机主要是指基于 PC104 总线的计算机。PC104 总线是一种在硬件上和软件上与工业标准体系结构(ISA)总线完全兼容的 PC 总线，采用堆叠式结构，体积小、结构紧凑，软件上与 PC 兼容，因此被广泛应用于通信装置、军用电子设备、医疗仪器等设备中。随着技术和工艺水平的不断提高，目前基于 PC104 总线的计算机，已向 PCI/104 总线计算机发展，同时其 CPU 从原来单一的 8X86 系列发展为数字信号处理器(Digital Signal Processor，DSP)、(Advanced RISC Machine，ARM)、片上系统(System on Chip，SOC)等多种嵌入式处理器。这些具有完整计算机系统结构的单片处理器的出现，也使嵌入式工控机从系统级向板级和芯片级发展。

2. 工业控制机的组成结构

1)硬件组成

如图 2-32 所示，工控机由计算机基本系统和过程 I/O 系统组成。计算机基本系统由系统总线、主机板、人机接口板、系统支持板、系统磁盘、输入输出通道、通信接口等通用外围设备组成。过程 I/O 系统由输入信号调理板和 A/D 转换器将现场传感器测量的物理信号转变为电信号，模拟量经模数转换(A/D 转换器)，变成数字量输入计算机，计算机输出信号经数模(D/A)转换和输出调理(隔离放大)成执行机构的功率驱动信号去驱动执行机构。

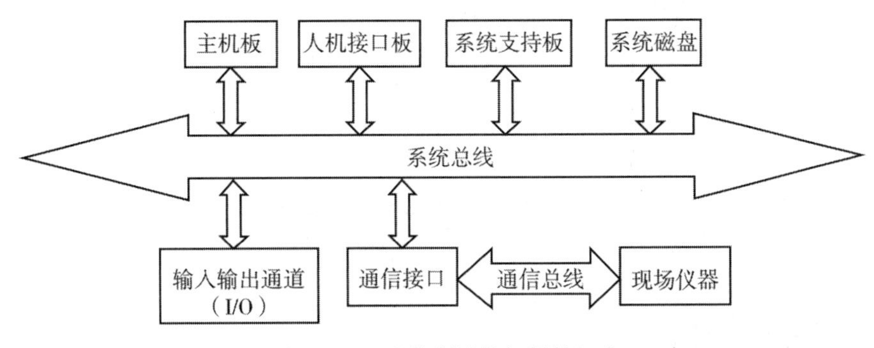

图 2-32　工业控制计算机硬件组成

2)软件组成

软件系统一般由系统软件、支持软件和应用软件三个部分组成。系统软件包括实时多任务操作系统、引导程序和调度执行程序，如美国 Intel 公司推出的 iRMX86 实时多任务操作系统。支持软件包括汇编语言、高级语言、编译程序、编辑程序、调试程序、诊断程序等。应用软件是系统设计人员针对某个生产过程而编制的控制和管理程序。它包括过程输入程序、过程控制程序、过程输出程序、人机接口程序、打印显示程序和公共子程序等。现已有丰富的组态软件来支持工业控制计算机，便于各种应用系统的开发。

3. 应用

图 2-33 给出了基于工控机的现代有轨电车自动售检票闸机系统设计[13]。主要包括工

控机、IC 卡读写器模块、闸机控制板、硬币模块、GPRS 数据传输模块等。工控机是闸机的核心设备，工控机通过与 IC 卡读写器模块、闸机控制板、硬币模块等进行数据交换，将相应的处理结果显示给乘客，控制闸机硬件进行相应的动作。同时，工控机通过 GPRS 数据传输模块与中央计算机进行数据传输，将交易数据、设备工作状态、客流营运数据等发送给中心。IC 卡读写器模块负责 IC 卡的读写工作，并将数据发给工控机。工控机发送控制命令给闸机控制板。闸机控制板负责闸机外围各执行模块的控制及驱动。硬币模块负责实时识别乘客投入硬币的真伪，若识别为真，将硬币放入钱袋并将该数据传给工控机；反之，将硬币退还给乘客。GPRS 数据传输模块负责闸机与中央计算机的信息交互。

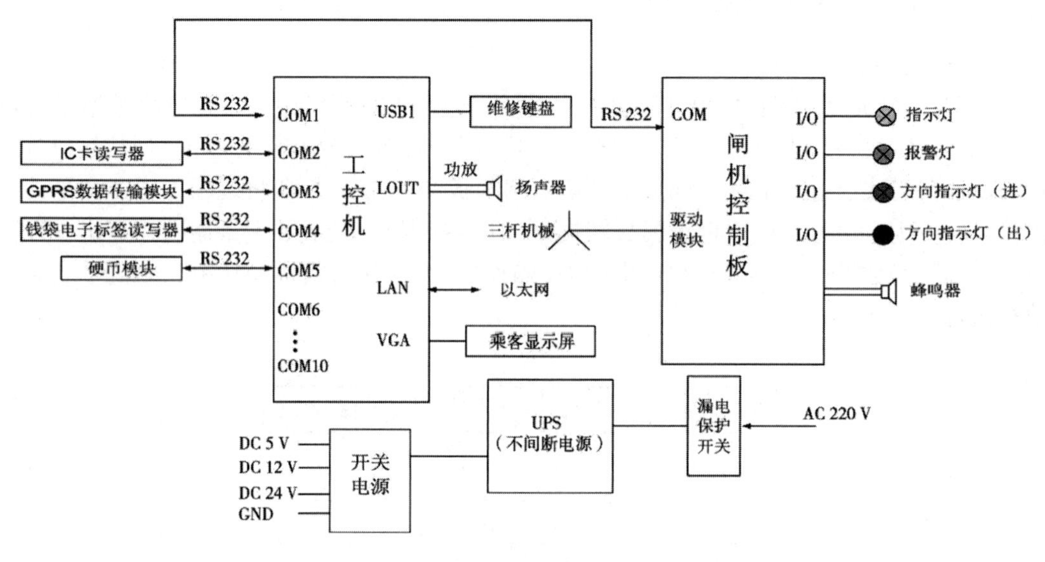

图 2-33　自动售检票闸机系统结构图

2.4　串行通信接口

现在大部分教学设备都是计算机测控系统，在测量和控制过程中，智能仪器与计算机之间需要进行各种信息的交换和传输，这种信息的交换和传输必须通过仪器的通信接口按照一定的协议实现。例如，PLC 与上位计算机之间的通信，触摸屏与 PLC 之间的通信等，都需要依赖于一定的通信方法来实现数据的交互和命令的传送。

通信接口就是各仪器之间或仪器与计算机之间进行信息交换和传输的联络装置，主要的接口形式有并行通信接口、串行通信接口、现场总线接口和以太网接口等。为方便各种仪器之间的通信，一般采用标准通信接口。计算机和外部的通信接口总线标准分两类，即并行通信和串行通信。并行通信是把一个字符的各数位用几条线同时进行传输，串行通信是把数据按位进行传送。串行通信具有传输线少、成本低的特点，主要适用于近距离的人-机交换、实时监控等，这里主要介绍智能仪器常用的串行通信总线，如 RS232C、

RS422、RS485 等。

2.4.1 串行通信接口分类

按照数据传输的方向，串行通信可分为单工、半双工和全双工三种方式。在单工方式下，数据信息只能沿着一个方向传送，如广播。在半双工方式下，数据信息可沿数据传输线的两个方向传送，但同一时刻只能沿一个方向传送。在全双工方式下，数据信息能沿正反两个方向同时传送。

按照数据的传送方式，串行通信可分为同步通信和异步通信，二者的区别如下：

同步通信：同步通信是一种比特同步通信技术，要求收发双方具有同频同相的同步时钟信号，只需在传送报文的最前面附加特定的同步字符，使收发双方建立同步，此后便在同步时钟的控制下逐位发送/接收。

异步通信：异步通信是指通信中两个字符之间的时间间隔是不固定的，而在一个字符内各位的时间间隔是固定的。相对于同步通信，异步通信在发送字符时，所发送的字符之间的时隙可以是任意的。发送方在要传送的字符代码前加一个起始位，以示该字符代码开始，在字符代码后面加一个停止位，以示该字符代码结束。发送端和接收端可以由各自不同的时钟来控制数据的发送和接收，这两个时钟源彼此独立，互不同步。并行异步通信需加两根联络线用以实现“握手”操作；而串行异步通信中则用字符的起始位和停止位实现异步“握手”。

目前，在异步串行通信总线中，RS232C、RS422 和 RS485 是应用比较广泛的几种总线标准，下面加以简要介绍。

2.4.2 RS232C 总线

RS232C 标准是美国电子工业联合会(EIA)与 BELL 等公司一起开发并于 1969 年公布的串行通信协议，用来实现计算机与计算机、计算机与外设之间的数据传输。一般适用于通信距离不大于 15m，传输速率最大为 20Kbps。RS232C 是 PC 机与通信工业中应用最广泛的一种串行接口。它被定义为一种在低速率串行通信中增加通信距离的单端标准[14]。RS232C 采取不平衡传输方式，即所谓单端通信。

1. 电气特性

RS232C 对电气特性、逻辑电平和各种信号线的功能都做了规定。它采用负逻辑，逻辑“1”为 -3～-15V，逻辑“0”为+3～+15V。RS232C 工作电平与 TTL 逻辑电平不一样，可用 TTL/EIA 电平转换器进行，如 MC1488，MC1489 和 MAX232。采用 EIA 电平比 TTL 电平具有更强的抗干扰性能。

2. 机械特性

连接器(Connector)常用两种：DB-25 型和 DB-9 型。前者有 25 个引脚，只用 9 个引脚(2 个数据线，6 个控制线，1 个地址)，后者有 9 个引脚，9 针全用(如图 2-34 所示)。

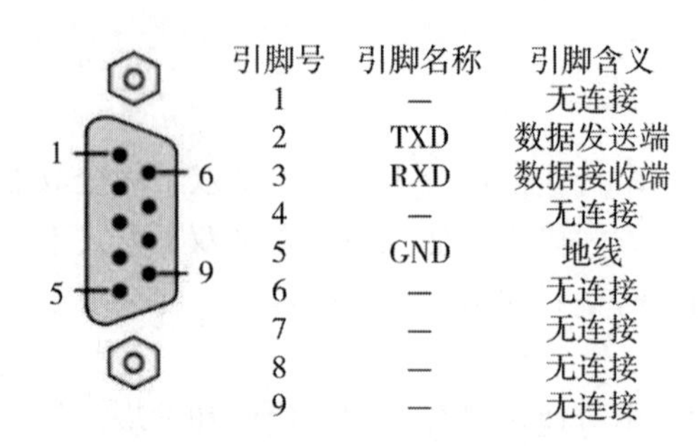

图 2-34　RS232C 的 DB9 接口各引脚定义

3. 协议要求

RS232C 仅仅在信号传输中电平的要求等物理方面作出了规定，它构成协议的一个部分。而数据传输的字节内容所代表的含义也是协议的重要部分。

由于 RS232C 发送电平与接收电平的差仅为 2V 至 3V 左右，所以其共模抑制能力差，再加上双绞线上的分布电容，其传送距离有限，适合本地设备之间的通信。

2.4.3　RS422 总线

RS422 由 RS232C 发展而来。为改进 RS232C 通信距离短、速度低的缺点，RS422 定义了一种平衡通信接口，将传输速率提高到 10Mbps，并允许在一条平衡总线上连接最多 10 个接收器。RS422 是一种单机发送、多机接收的单向、平衡传输规范。

1. 平衡传输

RS422 的数据信号采用差分传输方式，也称作平衡传输。它使用一对双绞线，将其中一根线定义为 A，另一根线定义为 B。通常情况下，发送驱动器 A、B 之间的正电平在 +2～+6V，负电平在-2～-6V。另有一个信号地 C，在 RS485 中还有一个“使能”端，“使能”端用于控制发送驱动器与传输线的切断与连接。当“使能”端起作用时，发送驱动器处于高阻状态，称作“第三态”，它有别于逻辑“1”与“0”的第三态。接收器也有与发送端相应的规定，收、发端通过平衡双绞线将 AA 与 BB 对应相连，当在接收端 AB 之间有大于 +200mV 的电平时，输出正逻辑电平，小于-200mV 时，输出负逻辑电平。接收器接收平衡线上的电平范围通常在 200mV 至 6V 之间。

2. 电气特性

典型的 RS422 是四线接口，实际上还有一根信号地线，共 5 根线(标准 9 针接口如图 2-35 所示)。由于接收器采用高输入阻抗和发送驱动器有比 RS232 更强的驱动能力，故允许在相同传输线上连接多个接收节点，最多可接收 10 个节点。即一个主设备(Master)，其余为从设备(Salve)，从设备之间不能通信，所以 RS422 支持点对多的双向通信。RS422 四线接口由于采用单独的发送和接收通道，因此不必控制数据方向，各装置之间任何必须的信号交换均可以按软件方式(XON/XOFF 握手)或硬件方式(一对单独的双绞线)实现。RS422 的最大传输距离约为 1219m，最大传输速率为 10Mbps。其平衡双绞线的长度与传输速率成反比，在 100Kbps 速率以下，才可能达到最大传输距离。只有在很短的距离下才能获得最高速率进行传输。一般 100m 长的双绞线上所能获得的最大传输速率仅为 1Mbps。

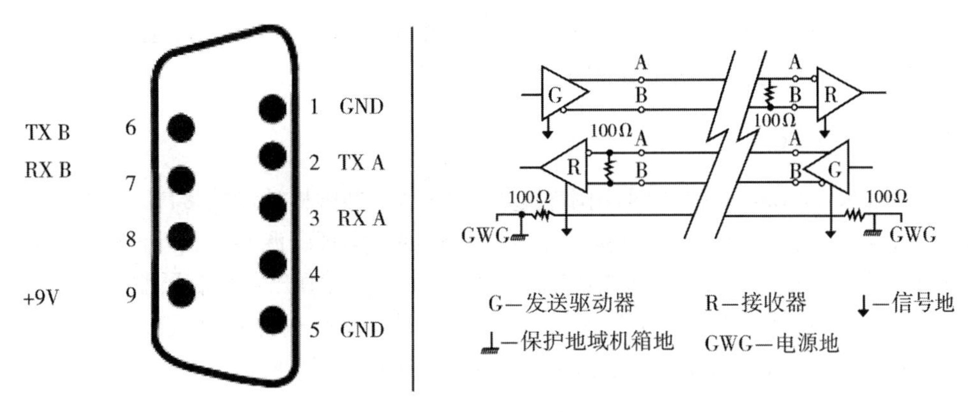

图 2-35　RS422 引脚定义

2.4.4　RS485 总线

为扩展应用范围，EIA 在 RS422 的基础上制定了 RS485 标准，增加了多点、双向通信能力，通常在要求通信距离为几十米至上千米时，广泛采用 RS485 收发器。RS485 标准只规定了平衡发送器和接收器的电特性，而没有规定接插件、传输电缆和应用层通信协议。

1. 特点

与 RS422 一样，RS485 收发器采用平衡发送和差分接收，即在发送端，驱动器将 TTL 电平信号转换成差分信号输出；在接收端，接收器将差分信号转换成 TTL 电平信号，因此抗共模干扰能力增强，即抗噪声干扰性好。加上接收器具有高灵敏度，能检测低达 200mV 的电压，故数据传输可达千米以外。与 RS422 一样，RS485 最大传输距离为 1219m，最大传输速率为 10Mbps。

RS485 有两线制和四线制两种接线，四线制只能实现点对点的通信方式，已很少采用，现在多采用的是两线制接线方式，这种接线方式为总线式拓扑结构，在同一总线上最多可以挂接 32 个节点。在 RS485 通信网络中一般采用的是主从通信方式，即一个主机带多个从机。RS485 接口组成的半双工网络，一般均采用屏蔽双绞线传输。

2. 电气特性

通常情况下，发送发送器 A、B 之间的正电平在+2～+6V，是一个逻辑状态；负电平在-2~-6V，是另一个逻辑状态。另有一个信号地 C。接口信号电平比 RS232C 降低了，不易损坏接口电路的芯片，且该电平与 TTL 电平兼容，可方便与 TTL 电路连接。

对于接收发送器，也作出与发送发送器相对的规定，收、发端通过平衡双绞线将 A-A 与 B-B 对应相连。当在接收端 A-B 之间有大于+200mV 的电平时，输出为正逻辑电平；小于-200mV 时，输出为负逻辑电平。在接收发送器的接收平衡线上，电平范围通常在 200mV 至 6V 之间。

RS485 满足所有 RS422 的规范，所以 RS485 的驱动器可以覆盖 RS422 网络应用。但 RS422 的驱动器并不完全适用于 RS485 网络。

2.4.5　USB 总线

Universal Serial Bus(USB)是通用串行总线，它是一种微机外设的接口。其基本思路是采用通用连接器和自动配置及热插拔技术和相应软件，实现资源共享和外设的简单快速连接。它有以下技术优势：①使用 USB 不需要扩展插卡，无须开发最底层驱动程序。②连接 USB 外设，带电即插即用。③得到众多公司的支持。④传输速率为 1.5~12Mbps。目前的 USB2.0 则达到了 480Mbps。⑤通过 hub 最多可支持 127 个外设。

1. USB 系统的结构

USB 系统由三个逻辑层组成：功能层、USB 设备层和 USB 总线接口层。并且每一层都由主机和 USB 设备不同的功能模块组成，如图 2-36 所示。

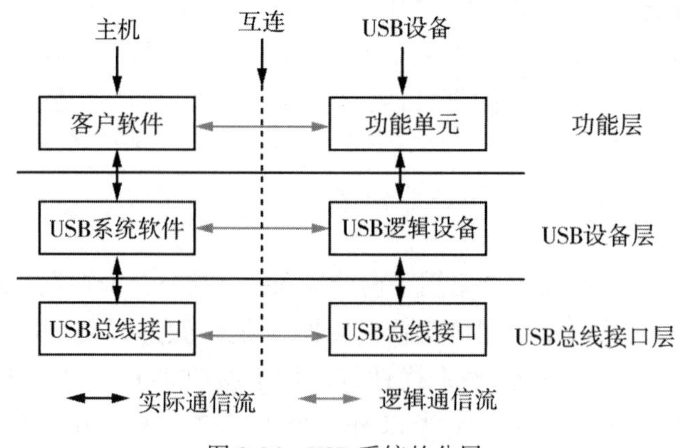

图 2-36　USB 系统的分层

1)功能层(接口)

功能层由客户软件和设备方的功能单元组成，其能够实现 USB 设备传输的特定功能。通过功能层可直观地理解 USB 传输的数据内容。其中，客户软件通过 USB 系统软件来与 USB 设备进行通信。功能单元对于客户软件，可视为接口的集合。

2)USB 设备层(端点)

USB 设备层由主机的 USB 系统软件和 USB 设备的 USB 逻辑设备组成，其实现主机和

USB设备之间传输的具体配置。USB逻辑设备对于USB系统软件，可视为端点的集合。

3) USB总线接口层

USB总线接口层由主机的USB主控制器和设备的USB总线接口组成，它实现主机和USB设备实际的数据传输。USB总线接口是USB设备中的串行接口引擎。

2. USB系统的拓扑结构

USB是一种主从结构式系统。主机叫host，从机叫device(也称为设备)。通常所说的主机具有一个或者多个USB主控制器(host controller)和根集线器(root hub)。主控制器主要负责数据处理，而根集线器则提供一个连接主控制器与设备之间的接口和通路。通常情况下，PC机上有多个主控制器和多个USB接口，一个主控制器下有一根集线器，一根集线器通常具有一个或者几个USB接口。

一个USB系统由USB主机(USB host)、USB设备(USB device)和USB互连三个基本部分组成。USB主机一般制作在主板上，包含主控制器和一个嵌入的集线器(称为根集线器)(root hub)，根集线器连接在主控制器上。通过根集线器，主机可以提供一个或多个接入点(端口)(port)，USB设备通过接入点与主机相连。USB设备按照功能可分为集线器(hub)和功能设备，即集线器可接入下行集线器和功能设备。

在一个系统中，有且仅有一个USB主机，它在USB系统中处于中心地位，对USB接口及其连接的设备进行管理、控制数据和信息的流动。集线器是USB系统的关键部件，集线器通过端口的电气变化可检测出连接在总线上的设备的插、拔操作，并可通过响应USB主机的数据包将端口状态告知USB主机。功能设备是能够通过总线发送和接收USB数据、并可实现某种功能的设备。USB的互连是指USB设备与主机之间进行连接和通信的操作。

3. USB接口定义

如图2-37所示，标准的USB连接线使用4芯电缆，其中D+和D-是互相缠绕的一对数据线，用于传输差分信号，而VBus和GND分别为电源和地，可以给外设提供5V、最大500mA的电源，功率不大的外设可以直接使用USB总线电源供电，不必外接电源。在集线器端，数据线D+和D-都有一个阻值在14.25kΩ到24.8kΩ的下拉电阻R_{pd}，而在设备端，D+(全速，高速)和D-(低速)上有一个1.5kΩ的上拉电阻R_{pu}。当设备插入集线器端口时，有上拉电阻的一根数据线被拉高到90%幅值的电压(大致是3V)。集线器检测到它的一根数据线是高电平，就认为是有设备插入，并能根据是D+还是D-被拉高来判断到底是什么设备(全速/低速)插入端口。

对于不同的外设，USB2.0可根据速度要求在电缆上采用3种速率模式传输数据。

(1)低速模式(low speed)，信号传输速率为10~100Kbps，主要适合键盘、鼠标输入笔、游戏杆等外设。具有费用低、易用、动态连接、动态分离、可连接多个外设的特点。

(2)全速模式(full speed)，信号传输速率为500Kbps~10Mbps，主要适合像电话、压

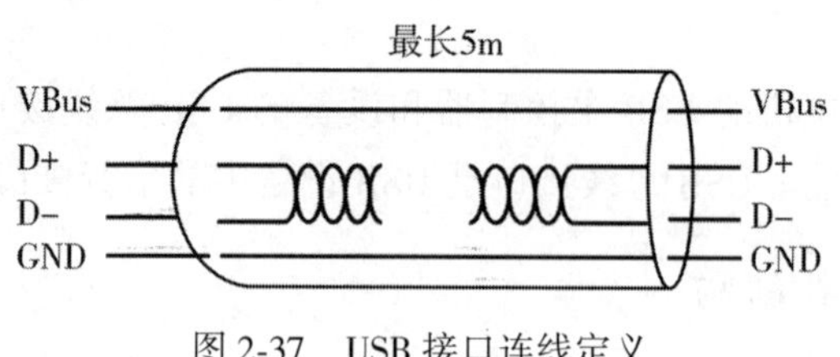

图 2-37　USB 接口连线定义

缩视频设备、宽带设备、音频设备、麦克风等一系列的中速外设传输设备，它除具备低速模式的特点外，还具有保障带宽和反应时间的优点。

(3)高速模式(high speed)，信号传输速率为25~480Mbps，适合视频设备、外部存储设备、图像设备、宽带设备，被具有宽高速特征的外设所选用。具有更高的带宽、更快的反应时间，是前面两种方式无法比拟的。

4. USB 通信过程

主机和USB设备可以相互传输数据，其具体过程可以用框图表示(图2-38)。以主机箱设备传输为例：

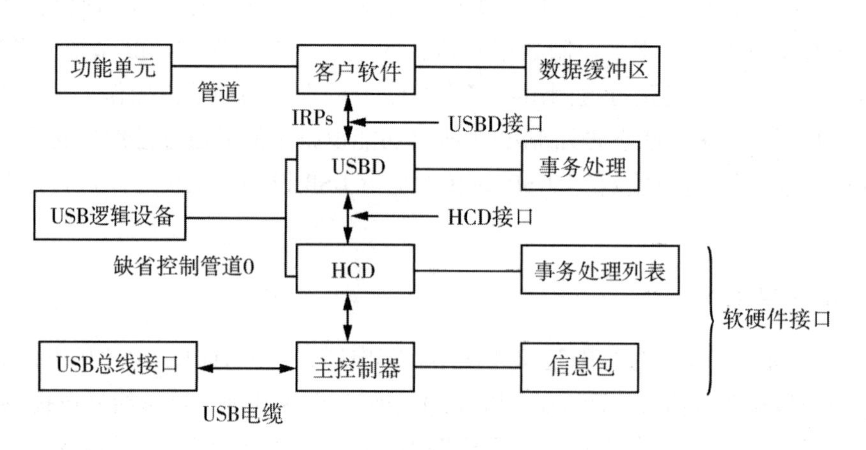

图 2-38　USB 通信过程

step1：客户软件首先将要传输的数据放入缓冲区，同时向USB总线驱动程序发出IRPS，请求数据传输。(客户软件)

step2：USB总线驱动接收到程序的接收请求，并对数据进行处理，转化为具有USB格式的事务处理。(USB系统软件)

step3：USB主控制器驱动程序将这些事务处理建立成事务列表，同时要求不能超过USB带宽。(USB系统软件)

step4：USB主控制器读取到事务列表并将事务转化为信息包，发送到USB总线上。(USB总线接口)

step5：USB 设备收到这些信息后，SIE(USB 总线接口是 USB 设备中的串行接口引擎)将其解包后放入指定端点的接收缓冲区内，由芯片固件对其进行处理。

通过 USB 总线的传输包含一个或多个事务(transaction)，包是组成 USB 事务的基本单位。包主要有标志包(token)、数据包(data)、握手包(hand shake)、特殊包(special)。USB 总线上每一次事务至少需要前面的三个包。传输是指一次完整的发出请求到该请求被完整处理结束的整个过程。事务是传输中的一个基本元素，每一次传输由一个或多个事务组成。事务由包组成，包又由同步域、标识域(PID)等域组成。传输、事务、包和域的关系如图 2-39 所示。

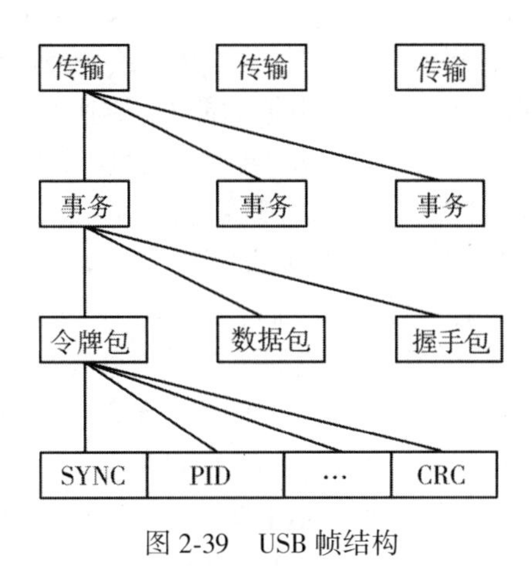

图 2-39　USB 帧结构

随着技术的发展，现在绝大多数 PC 机已经没有串口，转而使用 USB 转 UART 技术取代了 RS232 串口，来实现外设和电脑之间的通信。这只需要在电路上添加一个 USB 转串口芯片，例如 CH340T 芯片，就可以成功实现 USB 通信协议和标准 UART 串行通信协议的转换，如图 2-40 所示。图中 MAX232 是为了实现 RS232 与 USB 之间的电平转换。

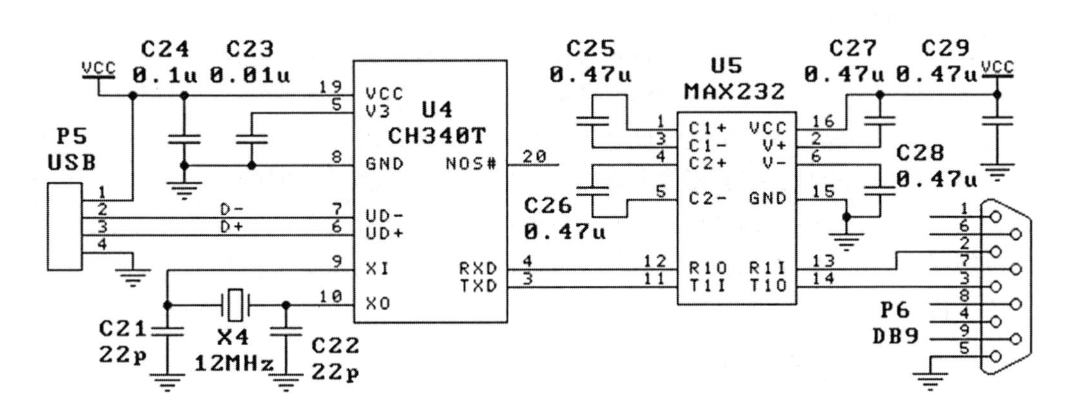

图 2-40　USB 转 RS232

2.5　人机界面与工业触摸屏

目前先进的教学实验设施都具备良好的人机界面。人机界面(Human Machine Interaction, HMI)，是实现人机交互的媒介和对话接口，是计算机系统的重要组成部分。人机交互是指人与计算机的交互，而人机界面是人机交互的通信媒体或手段，是人机双向信息交互的支持硬件与软件。

适用于工业场合的人机界面称为工业人机界面。它利用显示屏显示设备运行状况，通过输入单元(如触摸屏、键盘、鼠标等)写入工作参数或输入操作命令，实现人与机器信息交互的数字设备，可用来连接可编程序控制器(PLC)、变频器、直流调速器、仪表等工业控制设备，由硬件和软件两部分组成。根据功能的不同，工业人机界面习惯上被分为文本显示器、触摸屏人机界面和平板电脑三大类。其中触摸屏人机界面采用较高等级的嵌入式电脑设计，目前一般采用 32 位 ARM 微处理器，采用 Linux 或 WinCE 等嵌入式操作系统。触摸屏人机界面(或触摸屏电脑)具备丰富的图形功能，能够实现各种需求的图形显示、数据存储、联网通信等功能，且可靠性高，成本比平板电脑低，体积小，是工业场合的首选，近期也逐渐替代工业 PC 成为主流的智能化信息终端。人机界面产品的接口能力越来越强，除了传统的串行(RS232、RS422/RS485)通信接口外，有些人机界面产品已具有网口、并口、USB 口等数据接口，它们可与具有网口、并口、USB 口等接口的工业控制设备相连接，来实现设备的人机交互。本书中许多实验设备都用到了触摸屏人机界面，因此，有必要对其组成原理、组态和通信等技术进行简要介绍。

2.5.1　触摸屏分类

触摸屏人机界面中用到的触摸屏(Touch Screen)又称为“触控屏”“触控面板”，是一种可接收触头等输入信号的感应式液晶显示装置[15]。当接触了屏幕上的图形按钮时，屏幕上的触觉反馈系统可根据预先编程的程序驱动各种连接装置，可用以取代机械式的按钮面板，并借由液晶显示画面制造出生动的影音效果。触摸屏人机界面按照触摸屏技术原理的不同，可分为五种：矢量压力传感技术触摸屏、电阻技术触摸屏、电容技术触摸屏、红外线技术触摸屏、表面声波技术触摸屏。其中矢量压力传感技术触摸屏已退出历史舞台；红外线技术触摸屏价格低廉，但其外框易碎，容易产生光干扰，在曲面情况下失真；电容技术触摸屏设计构思合理，但其图像失真问题很难得到根本解决；电阻技术触摸屏的定位准确，但其价格较高，且怕刮易损；表面声波触摸屏解决了以往触摸屏的各种缺陷，清晰、不容易被损坏，适于各种场合，缺点是屏幕表面如果有水滴和尘土会使触摸屏变得迟钝，甚至不工作。

2.5.2　触摸屏人机界面组成

触摸屏人机界面产品，一般由 HMI 硬件和 HMI 软件组成。

1. HMI 硬件

硬件部分除了触摸屏外，还包括处理器、显示单元、输入单元、通信接口、数据存储单元等，其中处理器的性能决定了 HMI 产品的性能高低，是 HMI 的核心单元。根据 HMI 的产品等级不同，处理器可分别选用 8 位、16 位、32 位的处理器。

2. HMI 软件

HMI 软件一般分为两部分，即运行于 HMI 硬件中的系统软件和运行于 PC 机 Windows 操作系统下的画面组态软件(如威纶通的 EB8000 画面组态软件)。使用者必须先使用 HMI 的画面组态软件制作“工程文件”，再通过 HMI 产品的串行通信口，把编制好的“工程文件”下载到 HMI 的处理器中运行。一般情况下，不同厂家的 HMI 硬件使用不同的画面组态软件，连接的主要设备种类是 PLC。而组态软件是运行于 PC 硬件平台、Windows 操作系统下的一个通用工具软件产品，和 PC 机或工控机一起也可以组成 HMI 产品；通用的组态软件支持的设备种类非常多，如各种 PLC、PC 板卡、仪表、变频器、模块等设备，而且由于 PC 的硬件平台性能强大(主要体现在速度和存储容量上)，通用组态软件的功能也强很多，适用于大型的监控系统中。

2.5.3　触摸屏工作原理

以电阻式触摸屏为例，这种触摸屏利用压力感应进行控制。电阻式触摸屏的屏体部分是一块与显示器表面相匹配的多层复合薄膜，由一层玻璃或有机玻璃作为基层，表面涂有一层透明氧化金属(透明的导电电阻)的导电层，上面再盖有一层外表面经硬化处理、光滑防刮的塑料层，它的内表面也涂有一层透明导电层，在两层导电层之间有许多细小(小于 1/1000 英寸)的透明隔离点把它们隔开绝缘。当手指触摸屏幕时，平常相互绝缘的两层导电层就在触摸点位置有了一个接触，电阻发生变化，因其中一面导电层接通 Y 轴方向的 5V 均匀电压场，使得检测层的电压由零变为非零，这种接通状态被控制器检测到后，进行 A/D 转换，并将得到的电压值与 5V 相比即得到触摸点的 Y 轴坐标，同理可得出 X 轴的坐标。根据检测到的接触点位置坐标(X，Y)，触摸屏控制器模拟鼠标的方式运作。这就是所有电阻技术触摸屏共同的最基本原理。

为了操作上的方便，触摸屏用来代替鼠标或键盘。工作时，首先用手指或其他物体触摸安装在显示器前端的触摸屏，然后系统根据手指触摸的图标或菜单位置来定位选择信息输入。触摸屏由触摸检测部件和触摸屏控制器组成；触摸检测部件安装在显示器屏幕前面，用于检测用户触摸位置，接收后送触摸屏控制器；而触摸屏控制器的主要作用是从触摸点检测装置上接收触摸信息，并将它转换成触点坐标，再送给 CPU，它同时能接受 CPU 发来的命令并加以执行。触摸屏实物正反面如图 2-41(a)、图 2-41(b)所示。

2.5.4　触摸屏组态软件

这里以威纶通触摸屏的画面组态软件 EB8000 为例，说明组态软件的使用。HMI 组态软件 EasyBuilder8000(简称 EB8000)是威纶科技公司开发的人机界面软件，适用于该公司

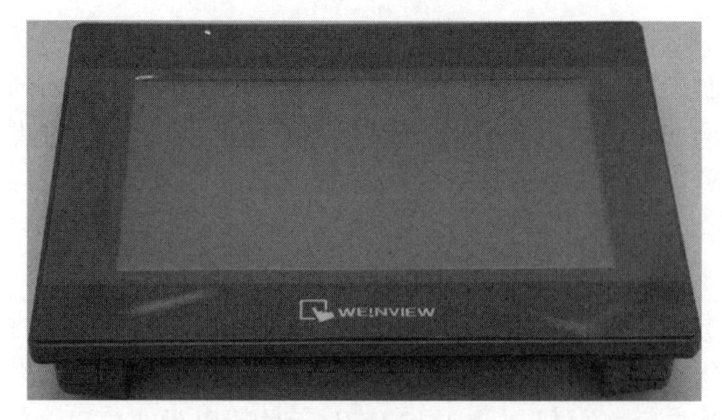

(a)触摸屏实物正面

(b)触摸屏实物反面

图 2-41　触摸屏实物

MT8000 和 MT6000 系列所有型号的产品，具有以下特点：

(1)支持 65536 色显示。

(2)支持 Windows 平台所有矢量字体。

(3)支持 BMP，JPG，GIF 等格式的图片。

(4)支持历史数据、故障报警等，可以保存到 U 盘或者 SD 卡里面，并且可转换为 Excel 可以打开的文件。

(5)支持 U 盘、USB 线和以太网等不同方式对 HMI 画面程序进行上下载。

(6)支持配方功能，并且可以使用 U 盘等来保存和更新配方。

(7)支持三组串口同时连接不同协议的设备。

(8)支持市场上绝大多数的 PLC 和控制器、变频器、温控表等。

(9)支持离线模拟和在线模拟功能。

(10)具有宏指令功能，除了常用的四则运算、逻辑判断等功能外，还可以进行三角函数、反三角函数、开平方、开三次方等运算，同时，还可以编写通信程序，与非标准协议的设备实现通信连接。

(11)具有以太网通信功能，除了可以与带以太网口的 PLC 等控制器通信外，还可以实现 HMI 之间的联网，通过 Internet 或者局域网对 HMI 和与 HMI 连接的 PLC 等上下载程序。

在介绍 EB8000 软件之前，先简要介绍一下 EB8000 软件提供的各种组态软元件。如表 2-5 所示，EB8000 常用的软元件(一般的触摸屏组态软件都包括)包括状态指示(如位状态指示、多状态指示)、状态设定(如位状态设定、多状态设定)、开关(如切换开关、多状态切换开关、滑动开关)、数值显示、数值输入、报警条、动画、曲线显示(如表针、棒图、*XY* 曲线、趋势图等)、视频播放器、PLC 控制部件和资料传输与备份等。

表 2-5　**EB8000 中常用的软元件及功能**

图 标	物件名称	功 能 描 述
	指示灯	使用图形或者文字等显示 PLC 中某一个位的状态
	多状态指示灯	根据 PLC 中数据寄存器不同的数据，显示不同的文字或者图片
	位状态设定	在屏幕上定义一个触控物件，触控时可以对 PLC 中的位进行置位或者复位
	多状态设定	在屏幕上定义一个触控物件，触控时可以对 PLC 中的寄存器设定一个常数或者递加递减等功能
	切换开关	在屏幕上定义一个触控物件，当 PLC 中的某一个位改变时，它的图形也会改变；当触控时，会改变另外一个位的状态
	多状态切换开关	在屏幕上定义一个多状态的触控物件，当 PLC 的数据寄存器数值改变时，它的图形会跟着变化；触控时，会改变 PLC 中数据寄存器的值
	滑动开关	在屏幕上定义一个滑动触控物件，当手指滑动该物件时，会线性改变 PLC 中数据寄存器的数值
	数值显示	显示 PLC 中数据寄存器的数值
	数值输入	显示 PLC 中数据寄存器的数值，使用数字键盘可以修改这个数值
	XY 曲线显示	PLC 中一组连续的寄存器数据为 *X* 轴坐标，另一组连续的寄存器数据为 *Y* 轴坐标，由这些对应的坐标点连成的曲线
	动画	该物件会随着 PLC 中数据寄存器数值的改变而改变图形的状态和在屏幕中的位置，该位置是事先已经设定好的
	报警条	利用走马灯的方式，显示“事件登录”中的报警信息

续表

图 标	物件名称	功 能 描 述
	视频播放器	播放指定 U 盘里面的视频文件
	PLC 控制	由 PLC 里面的数据寄存器或者某个位来执行指定的功能，譬如画面翻页、屏幕打印、执行宏指令等

EB8000 软件打开后的结构布局如图 2-42 所示，它包括菜单栏、工具条、画面编辑区和窗口列表。上面的工具条包括绘图工具条和常用的工具条(如编译、下载和模拟等)。左侧的窗口列表显示了触摸屏工作时要用到的各种显示画面，这些画面有些是系统自带的，有些需要用户自行编辑。画面编辑区就是用户编辑各个窗口画面的区域，或者说是组态各种软元件的窗口。

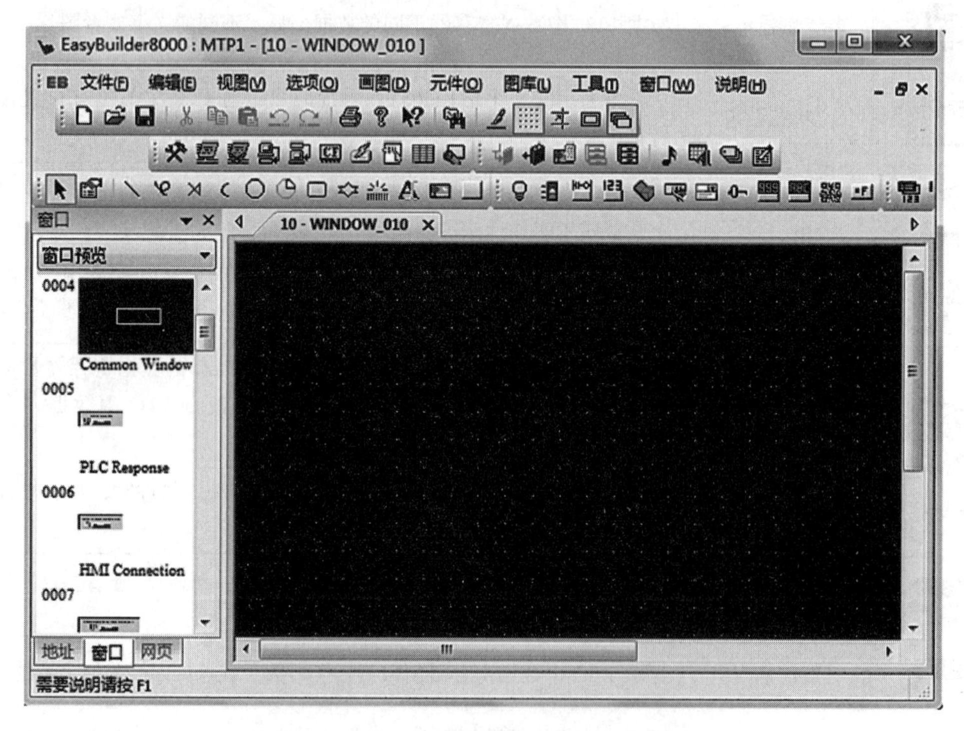

图 2-42　威纶通触摸屏组态软件 EB8000 的布局

下面以连接西门子的 S7-300 系列 PLC 为例，说明如何制作一个简单的工程。首先点击工具条上开启新文件的工作按钮，如图 2-43 所示。随后挑选正确的触摸屏机型与显示模式，如图 2-44 所示。在按下“确定”键后，将会弹出如图 2-45 所示的对话框。

图 2-43　EB8000 中新建文件

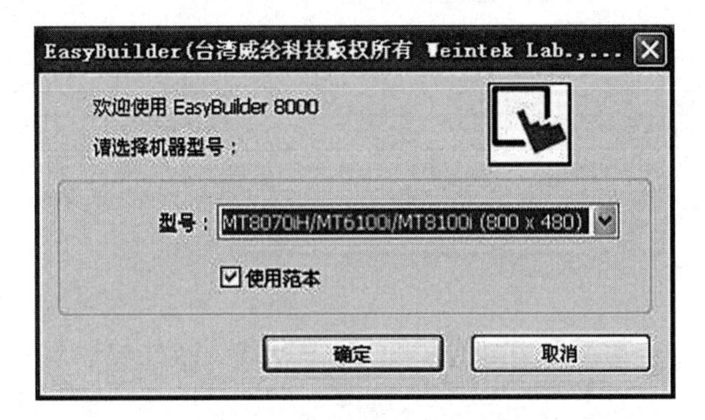

图 2-44　选择触摸屏型号

在图 2-45 中单击【新增…】功能增加一个新的 PLC 装置，设定内容如图 2-46 所示。如果通信参数设置得与 PLC 里面的通信参数不一致，则单击“设置”功能即可进入修改通信参数的界面，如图 2-47 所示。

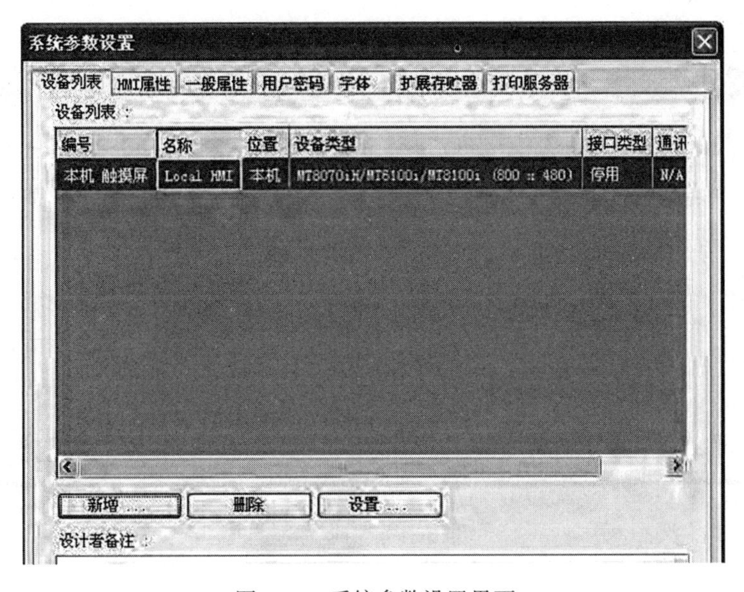

图 2-45　系统参数设置界面

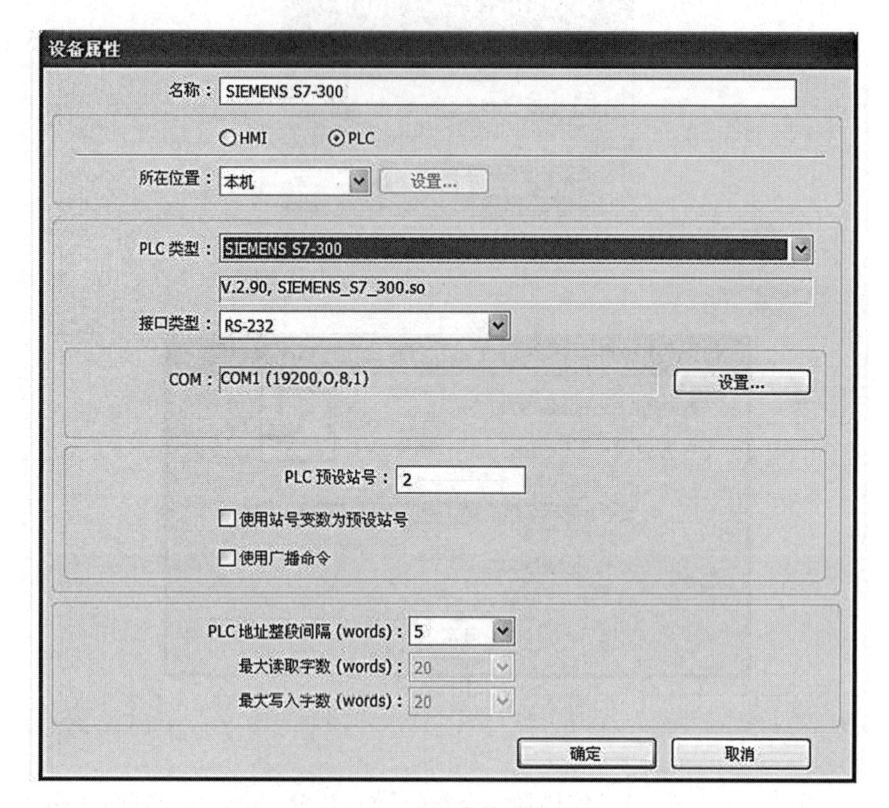

图 2-46　PLC 参数设置界面

在图 2-47 中按下“确定”键后，在图 2-48 中可以发现【设备清单】中增加了一个新的装置“SIEMENS S7-300”。

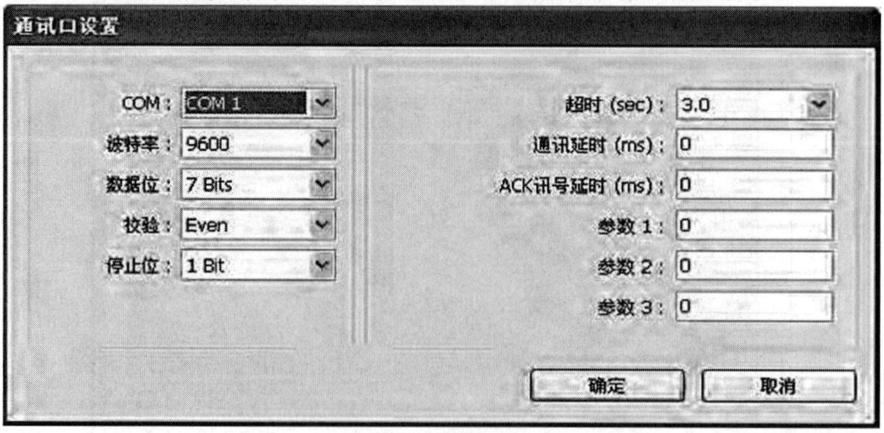

图 2-47　通信参数设置

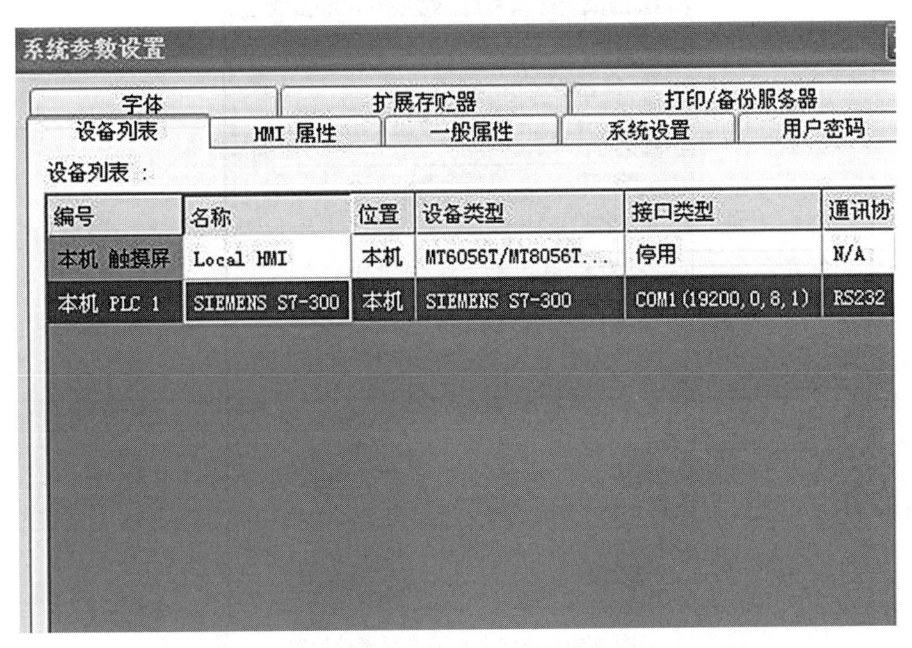

图 2-48　增加了触摸屏和 PLC 后的参数设置界面

假设现在要增加一个“位状态切换开关”元件，可点击如图 2-49 所示的元件按钮。

图 2-49　位状态切换开关元件

随后将会出现如图 2-50 所示的对话窗，在正确设定各项属性后，按下“确定”并将元件放在适当位置。最后的画面如图 2-51 所示。

单击工具栏保存图标，保存文件，并给文件定义一个文件名，例如 test. mtp。EB8000 软件编辑生成的文件名后缀为 . mtp。存盘完成后使用者可以使用编译功能，检查画面设计是否正确，编译功能的执行按钮为 ，编译后生成的文件名后缀为. xob。假使编译结果如图 2-52 所示，并不存在任何错误，即可执行离线模拟功能。如果模拟没有问题，就可以将程序下载到触摸屏人机界面里面。

图 2-53 的框图标为离线模拟的执行按钮，执行后部分画面如图 2-54 所示。

如需进行在线模拟，在接上设备后使用如图 2-55 所示方框中的工作按钮即可进行。

按照上面的流程，可以建立一个界面丰富、控制功能强大的应用工程画面。

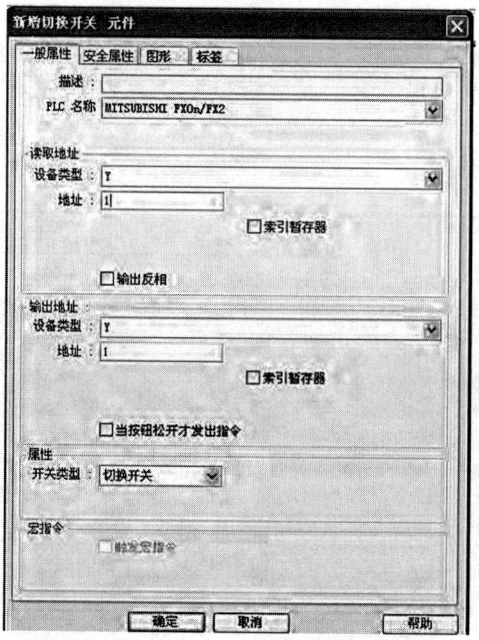

新增切换开关 元件

一般属性 | 安全属性 | 图形 | 标签

描述：

PLC 名称 MITSUBISHI FX0n/FX2

读取地址

设备类型：Y

地址：1

☐索引暂存器

☐输出反相

输出地址：

设备类型：Y

地址：1

☐索引暂存器

☐当按钮松开才发出指令

属性

开关类型：切换开关

宏指令

☐触发宏指令

确定 取消 帮助

图 2-50　位状态切换开关属性设置

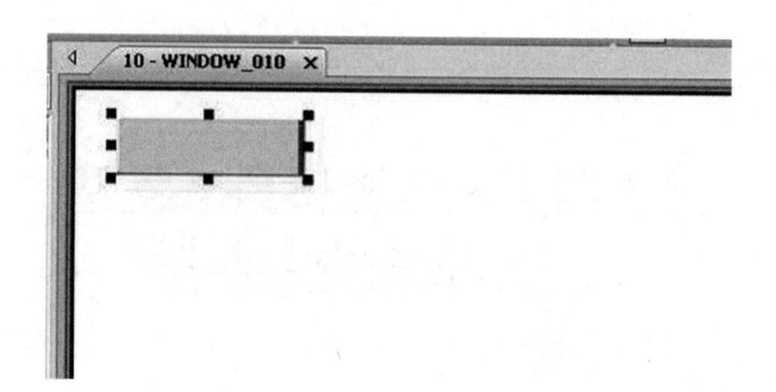

图 2-51　增加了一个位状态切换开关的组态界面

字体文件：
C:\EB8000V212CN\font\MTP1$0.ttf (Arial)
C:\EB8000V212CN\font\MTP1$1.ttf (Times New Roman)

0 错误, 0 警告

物件大小　　: 36126 字节
字体大小　　: 314444 字节
图形大小　　: 792988 字节
向量图大小　: 1032 字节
声音文件大小 : 36474 字节
宏指令大小　: 14 字节

全部大小　　: 1182104 字节 (1.13M)

成功

图 2-52　界面组态编译结果

图 2-53 离线模拟执行按钮

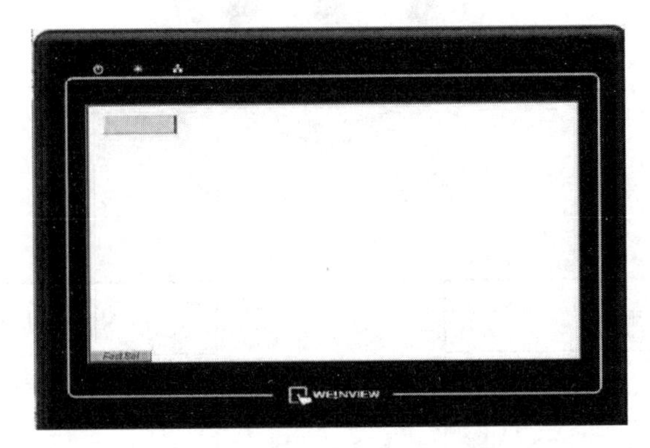

图 2-54 离线模拟执行结果

图 2-55 在线模拟与离线模拟按钮

2.5.5 触摸屏与 PLC 的通信

触摸屏人机界面很少单独使用，一般与 PLC 连接在一起工作。这里以威纶通的 TK6070iH 系列触摸屏电脑为例，说明触摸屏与三菱 FX2N PLC 是如何进行通信连接的。TK6070iH 是一个具有 7 寸 65536 色 TFT 显示屏、两个 COM 通信口、无风扇冷却的电阻式触摸屏电脑。它的 COM1 口为 RS232 接口，COM2 口是一个 RS485 接口。三菱 FX2N PLC 的通信口是一个 RS422 串行口，其引脚排列如图 2-56 所示。它与 TK6070iH 触摸屏的 COM2 口的连接如图 2-57 所示。二者之间的通信有 5 根线即可，即三菱 FX2N PLC 的 4 脚“TX-”、7 脚“TX+”、1 脚“RX-”、2 脚“RX+”、3 脚“GND”分别与触摸屏的 1 脚“RX-”、2 脚“RX+”、3 脚“TX-”、4 脚“TX+”、5 脚“GND”相连。

2.6 工业机器人组成原理与编程

工业机器人是面向工业领域的多关节机械手或多自由度的机器装置，它靠自身动力和控制能力来自动执行各种任务。它既可以接受人类指挥，也可以按照预先编制的程序运行。工业机器人不仅可替代人工在喷涂、焊接、切割等恶劣环境中工作，还能显著提升工

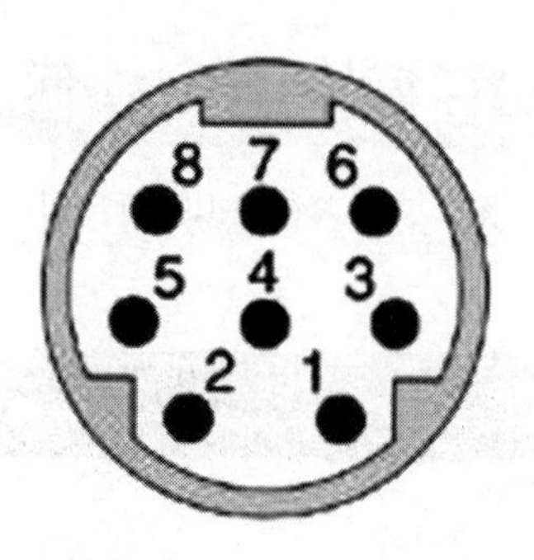

图 2-56　串口线接线图

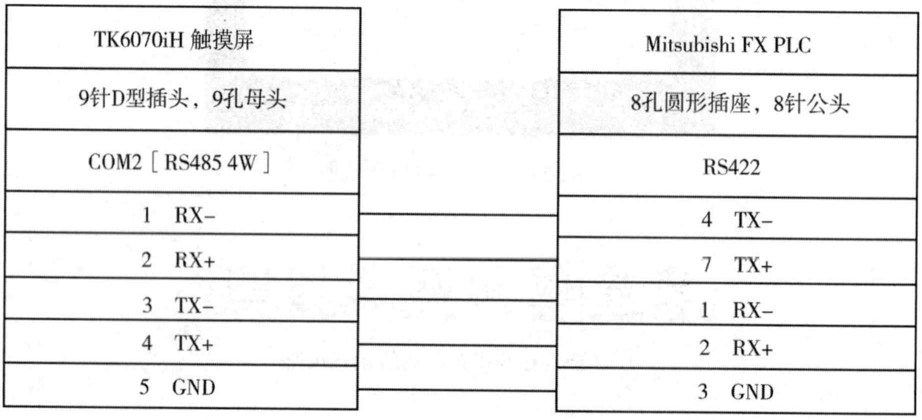

TK6070iH 触摸屏	Mitsubishi FX PLC
9针D型插头，9孔母头	8孔圆形插座，8针公头
COM2［RS485 4W］	RS422
1　RX-	4　TX-
2　RX+	7　TX+
3　TX-	1　RX-
4　TX+	2　RX+
5　GND	3　GND

图 2-57　三菱 FX2N PLC 通信口与触摸屏通信口接线

作效率和产品品质，降低产品成本，提高设备的利用率，其带来的效益也十分明显，例如减少人工用量、减少机床损耗、加快技术创新速度、提高企业竞争力等。工业机器人还具有执行各种任务特别是高危任务的能力，平均故障间隔期达 60000 小时以上，比传统的自动化工艺更加先进。工业机器人自动化生产线成套装备已成为自动化装备的主流及未来的发展方向，据国际机器人联合会(IFR)统计，2009—2017 年，全球工业机器人销量年均增长 26%。2017 年，全球工业机器人销量创下新高，达到 38.1 万台。

工业机器人的应用领域十分广阔，例如在汽车制造、电子电气、橡胶与塑料行业、食品行业、家电行业、铸造行业、化工行业、冶金行业，典型的应用场合包括装配、搬运、码垛、焊接、点焊、涂胶、喷涂、电子封装、产品检测和测试等。全球主要工业机器人品牌包括 ABB、FANUC、安川电机和库卡等。

2.6.1　工业机器人组成原理

工业机器人主要由机器人本体、驱动系统、控制系统、感知系统和示教器等几个基本部分组成，如图 2-58 所示。

1. 机器人本体

机器人本体是机器人赖以完成工作任务的实体，通常由一系列连杆、关节或其他形式的运动副组成的多自由度的机械系统。从功能的角度可分为手部、腕部、臂部、腰部和机座。大多数工业机器人有 6 个自由度乃至更多，其中腕部通常有 1~3 个运动自由度。

2. 驱动系统

工业机器人的驱动系统是向执行系统各部件提供动力的装置，包括驱动器和传动机构两部分，用以使执行机构产生相应的动作，它们通常与执行机构连成一体。驱动器通常有电动、液压、气动装置以及把它们结合起来应用的综合系统。常用的传动机构有谐波传动、螺旋传动、链传动、带传动以及各种齿轮传动等。按动力源分为气压驱动、液压驱动和电力驱动三大类。

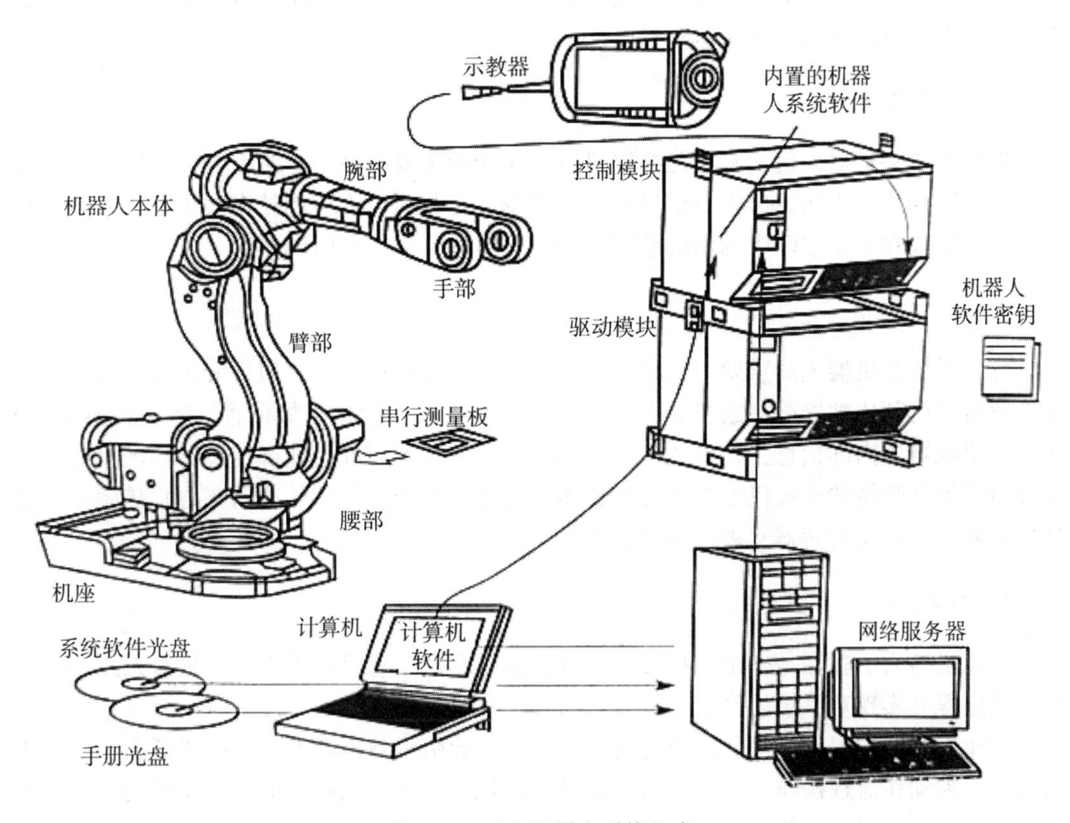

图 2-58　工业机器人系统组成

1) 气压驱动

气压驱动系统通常由气缸、气阀、气罐和空压机等组成，以压缩空气来驱动执行机构进行工作。其优点是空气来源方便、动作迅速、结构简单、造价低、维修方便、防火防爆，漏气对环境无影响，缺点是操作力小、体积大，又由于空气的压缩性大，其速度不易控制、响应慢、动作不平稳、有冲击。因气源压力一般只有 0.6MPa 左右，故此类机器人适宜抓举力要求较小的场合。

2)液压驱动

液压驱动系统通常由液动机(各种油缸、油马达)、伺服阀、油泵、油箱等组成，以压缩液压油来驱动执行机构进行工作，其特点是操作力大、体积小、传动平稳且动作灵敏、耐冲击、耐振动、防爆性好。相对于气压驱动，液压驱动的机器人具有大得多的抓举能力，可高达上百千克。但液压驱动系统对密封的要求较高，且不宜在高温或低温的场合工作。

3)电力驱动

电力驱动是利用电动机产生的力或力矩直接或经过减速机构驱动机器人，以获得所需的位置、速度和加速度。电力驱动具有电源易取得，无环境污染，响应快，驱动力较大，信号检测、传输、处理方便，可采用多种灵活的控制方案，运动精度高，成本低，驱动效率高等优点，是目前机器人使用最多的一种驱动方法。驱动电动机一般采用步进电动机、直流伺服电动机以及交流伺服电动机。

3. 控制系统

控制系统是机器人的大脑，是决定机器人功能的主要部件。控制系统按照输入的程序对驱动系统和执行机构发出指令信号并进行控制。工业机器人控制技术的主要任务便是控制工业机器人在工作空间中的活动范围、姿势、轨迹、动作的时间等。

4. 感知系统

感知系统是机器人的重要组成部分，按其采集信息的位置，一般可分为内部和外部两类传感器。内部传感器是完成机器人运动控制所必需的传感器，如位置、速度传感器等，用于采集机器人内部信息，是构成机器人不可缺少的基本元件。外部传感器检测机器人所处环境、外部物体状态或机器人与外部物体的关系。常用的外部传感器有力觉传感器、触觉传感器、接近觉传感器、视觉传感器等。

5. 示教器

工业机器人示教器是一个人机交互设备，通过它操作者可以操作工业机器人运动、完成示教编程、实现对系统的设定、故障诊断等。

工业机器人的工作原理是示教再现。示教也称导引示教，即人工导引机器人，一步步按实际需求动作流程操作一遍，机器人在导引过程中自动记忆示教的每个动作的姿态、位置、工艺参数、运动参数等，并自动生成一个连续执行的程序。完成示教后，只需要给机器人一个启动命令，机器人将会自动按照示教好的动作，完成全部流程。

2.6.2　工业机器人分类

工业机器人按臂部的运动形式分为四种：直角坐标型的臂部可沿三个直角坐标移动；圆柱坐标型的臂部可作升降、回转和伸缩动作；球坐标型的臂部能回转、俯仰和伸缩；关节型的臂部有多个转动关节。

工业机器人按执行机构运动的控制机能，又可分点位型和连续轨迹型。点位型只控制执行机构由一点到另一点的准确定位，适用于机床上下料、点焊和一般搬运、装卸等作业；连续轨迹型可控制执行机构按给定轨迹运动，适用于连续焊接和涂装等作业。

工业机器人按程序输入方式区分为编程输入型和示教输入型两类。编程输入型是将计算机上已编好的作业程序文件，通过 RS232 串口或者以太网等通信方式传送到机器人控制柜。示教输入型的示教方法有两种：一种是由操作者用示教器将指令信号传给驱动系统，使执行机构按要求的动作顺序和运动轨迹操演一遍；另一种是由操作者直接操纵执行机构，按要求的动作顺序和运动轨迹操演一遍。在示教过程的同时，工作程序的信息即自动存入程序存储器中。在机器人自动工作时，控制系统从程序存储器中提出相应信息，将指令信号传给驱动机构，使执行机构再现示教的各种动作。

2.6.3　工业机器人坐标系

机器人坐标系就是为确定机器人的位置和姿态而在机器人或空间上进行的位置坐标系统。常用的工业机器人坐标系包括六种：大地坐标系(World Coordinate System)、基坐标系(Base Coordinate System)、关节坐标系(Joint Coordinate System)、工具坐标系(Tool Coordinate System)、工件坐标系(Work Object Coordinate System)和用户坐标系(User Coordinate System)。每个厂家的命名略有不同，常用的坐标系如图 2-59 所示。

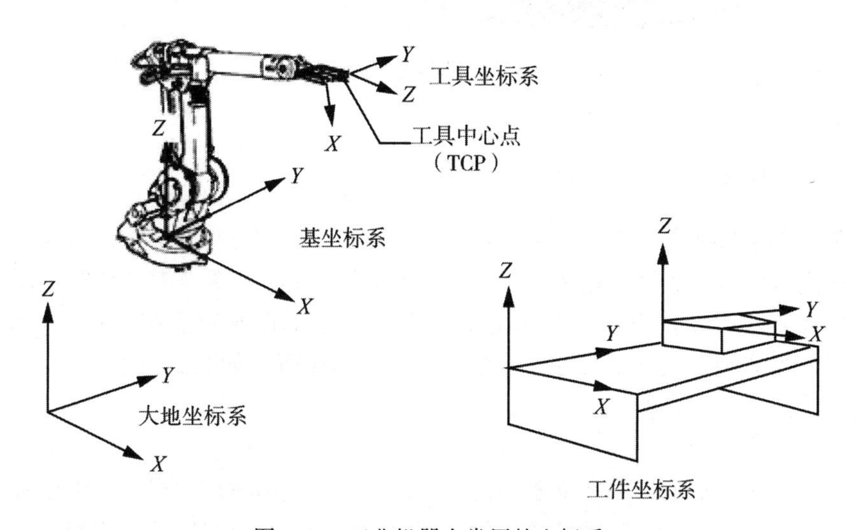

图 2-59　工业机器人常用的坐标系

1. 大地坐标系

大地(世界)坐标系是固定在空间上的标准直角坐标系，它被固定在事先确定的位置。用户坐标系是基于该坐标系而设定的。

2. 基坐标系

基坐标系由机器人底座基点与坐标方位组成，该坐标系是机器人其他坐标系的基础。

3. 关节坐标系

关节坐标系是设定在机器人关节中的坐标系，它是机器人每个轴相对其原点位置的绝对角度，如图 2-60 所示。

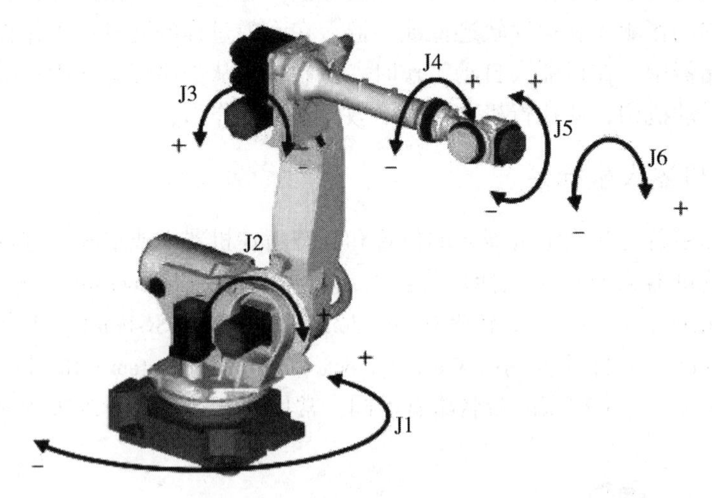

图 2-60　工业机器人的关节坐标系

4. 工具坐标系

工具坐标系用来确定工具的位姿，它由工具中心点(TCP)与坐标方位组成。工具坐标系必须事先进行设定。在没有定义的时候，将由默认工具坐标系来替代该坐标系。工具坐标系可使用 4 点法确定：机器人 TCP 通过 4 种不同姿态同某定点相接触，得出多组解，通过计算得出当前 TCP 与工具安装法兰中心点的相应位置，如图 2-61 所示。

5. 工件坐标系

工件坐标系用来确定工件的位姿，它由工件原点与坐标方位组成。工件坐标系可采用三点法确定：点 X_1 与点 X_2 连线组成 X 轴，通过点 Y_1 向 X 轴作的垂直线为 Y 轴，Z 轴方向以右手定则确定，如图 2-62 所示。

6. 用户坐标系

用户坐标系是用户对每个作业空间进行自定义的直角坐标系，它用于位置寄存器的示教和执行、位置补偿指令的执行等。在没有定义的时候，将由大地坐标系来替代该坐标系。

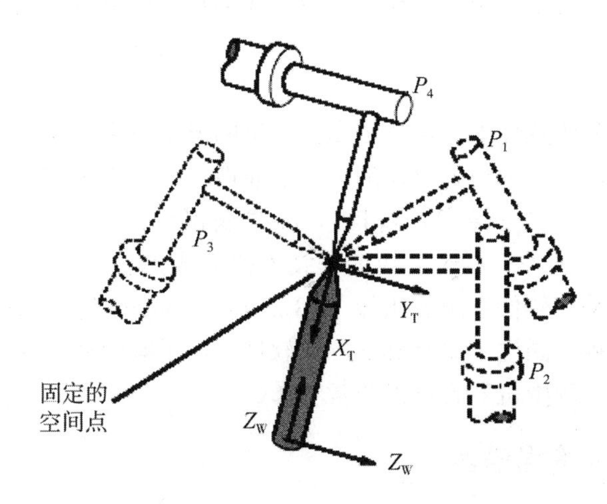

图 2-61 TCP 测量的 4 点法

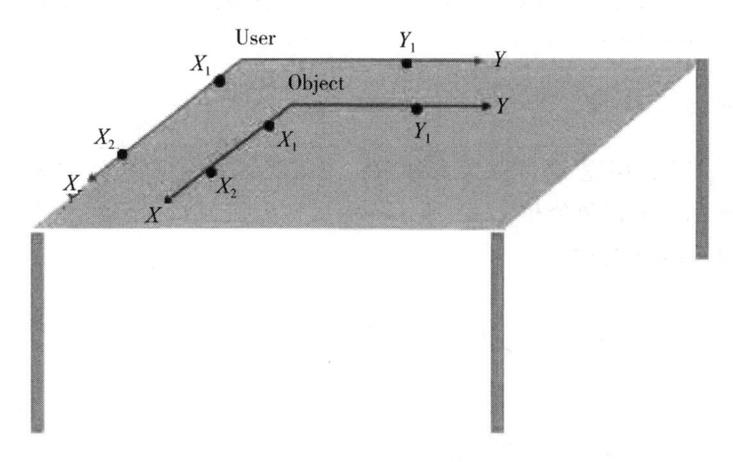

图 2-62 工件坐标系

2.6.4 工业机器人编程方法

工业机器人运动和作业的指令都是由程序进行控制，常见的编程方法有两种，示教编程方法和离线编程方法。

1. 示教编程

示教编程也称为现场编程，就是由用户在工作现场，通过示教器手工操纵机器人完成作业内容的一种编程方法。该编程方法包括示教、编辑和轨迹再现，可以通过示教器示教和导引式示教两种途径实现。由于示教方式实用性强，操作简便，因此大部分机器人都采用这种方式。示教编程一般用于入门级应用，如搬运、点焊等。对于复杂应用，示教编程在实际应用中主要存在以下问题：①示教在线编程过程繁琐、效率低；②精度完全是靠示教者的目测决定，而且对于复杂的路径，示教在线编程难以取得令人满意的效果。

2. 离线编程

离线编程采用部分传感技术，主要依靠计算机图形学技术，建立机器人工作模型，对编程结果进行三维图形学动画仿真以检测编程可靠性，最后将生成的代码传递给机器人控制柜以控制机器人运行。与示教编程相比，离线编程可以减少机器人工作时间，结合 CAD 技术，简化编程。国外机器人离线编程技术研究成熟，各工业机器人产商都配有各自机器人专用的离线编程软件系统。比如 ABB 的 Robot studio 仿真编程软件，既可以做仿真分析又可以离线编程，国内主要有 RobotArt 软件。与示教编程不同，离线编程不与机器人发生关系，在编程过程中机器人可以照常工作。

2.6.5　工业机器人编程语言

各厂商的机器人编程语言互不相同，从风格上来讲，主要分欧系(如 KUKA、ABB 等)和日系(如 MOTOMAN、FANUC)两大类。下面以日系的安川机器人和欧系的库卡机器人为例，分别作简要介绍。

1. 安川机器人编程

安川机器人所用的编程语言称为 INFORM 语言[16]，它主要包括如表 2-6 所示的运动指令、表 2-7 所示的编程命令和表 2-8 所示的输入输出指令，下面给出了一个弧焊程序示例(运动轨迹如图 2-63 所示)。

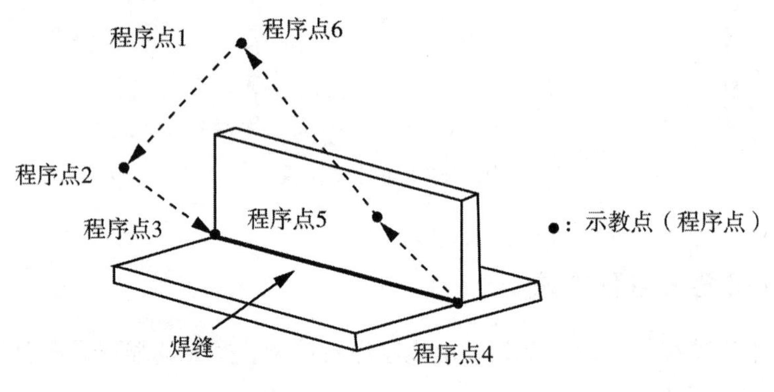

图 2-63　机器人运动轨迹

```
0000 NOP                    //空操作命令,无任何动作
0001 MOVJ VJ=10.00          //P0→P1 点定位、移动到程序起点,速度倍率为 10%
0002 MOVJ VJ=80.00          //P1→P2 点定位、调整工具姿态,速度倍率为 80%
0003 MOVJ V=800             //P2→P3 点定位,速度为 800 cm/min
0004 ARCON ON               //P3 点引弧、启动焊接
0005 MOVL V=50              //P3→P4 点直线插补焊接,移动速度为 50 cm/min
```

```
0006 ARCOF               //P4 点息弧、关闭焊接
0007 MOVJ V=50           //P4→P5 点定位,移动速度为 50 cm/min
0008 MOVJ VJ=50.00       //P5→P6 点定位(关节插补),速度倍率为 50%
0009 END                 //程序结束
```

表 2-6　**INFORM Ⅲ常用运动指令表**

名称	功能	格式	示例
MOVJ	以点到点方式移动到示教点	MOVJVJ=(在线速度) PL=(位置精度)	MOVJ VJ=50 PL=2
MOVL	以直线插补方式移动到示教点	MOVL V=(在线速度) PL=(位置精度)	MOVL V=138 PL=0
MOVC	以圆弧插补方式移动到示教点	MOVCV=(在线速度) PL=(位置精度)	MOVCV=138 PL=0
MOVS	以样条插补方式移动到示教点	MOVSV=(在线速度) PL=(位置精度)	MOVSV=120 PL=0
SFTON	开始平移动作	SFTON 变量名 1，坐标系号	SFTON C001，UF#(1)
SFTOF	停止平移动作		SFTOF

表 2-7　**INFORM Ⅲ常用流程控制指令表**

名称	功能	格式	示例
IF	判断条件是否满足，附加在进行处理的其他命令之后使用	IF<比较要素 1>比较符号<比较要素 2>	JUMP *12 IF IN#(12)=ON
UNTIL	在动作中判断输入条件，附加在进行处理的其他命令之后使用	UNTIL IN#(输入号)	MOVL V=300 UNTIL IN#(11)=ON
PAUSE	暂停		PAUSE IF IN#(12)=OFF
TIMER	只在指定时间停止		TIMER T=10
*	标明要转移到的语句	* <标号>	*123
JUMP	跳转到指定标号或程序	JUMP *<标签号>	JUMP *123 IF IN14==ON
CALL	调用指定的程序	CALL<程序名称>	CALLJOB：TEST1 IF IN#(17)=ON
RET	返回主程序		RET IF IN#(17)=ON
NOP	无任何运行		NOP
END	程序结束		END

表2-8　　**INFORM Ⅲ输入输出指令表**

名称	功能	格式	示例
DOUT	ON/OFF外部输出信号	DOUT 输出端子编号 ON 或者 OFF	DOUT OT#(12)ON
DIN	输入信号	DIN 位变量 输入端子编号	DINB06 IN#(12)
PULSE	外部输出信号输出脉冲	PULSE 输出端子编号 保持时间	PULSE OT#(10)T=0.60
WAIT	当外部输入信号与指定状态达到一致前，始终处于待机状态	WAIT 输入端子编号=ON 或 OFF	WAIT IN#(12)=ON

2. 库卡机器人编程

库卡机器人编程语言(KUKA ROBOT Language，简称KRL语言)，常用的运动指令、逻辑指令等如表2-9所示。

表2-9　　**库卡机器人常用运动指令与逻辑指令**

名称	功能	格式	示例
PTP	点到点运动	PTP 目标点 轨迹逼近 速度 移动参数［工具编号 工件编号］	PTP P1 Vel=100% PDAT1 Tool[1] Base[0]
LIN	直线运动	LIN 目标点 轨迹逼近 速度 移动参数［工具编号 工件编号］	LIN P0 Vel=100% CPDAT1 Tool[1] Base[0]
CIRC	圆弧运动	CIRC 目标点 辅助点 轨迹逼近 速度 移动参数[工具编号 工件编号]	CIRC P2 P3 Vel = 2m/s CPDAT1 Tool[1] Base[0]
OUT	开关信号输出	OUT 输出端子状态=真/假	OUT 1 State=TRUE
WAIT	时间相关等候	WAIT 等待时间=数值	WAIT Time = 1sec
WAITFOR	信号相关等候	WAIT FOR 端子信号状态	WAIT FOR IN1=TRUE
PULSE	脉冲信号输出	PULSE 输出端子状态=真/假 时间=数值	PULSE 1 State= TRUE Time=0.5sec

库卡机器人程序模块由源代码(SRC)和数据列表(DAT)两部分组成(如图2-64所示)。其中SRC文件为程序源代码，DAT文件中含有固定数据和点坐标。一个完整的机器人程序示例如图2-65所示。

```
DEF MAINPROGRAM ()
INI
PTP HOME Vel= 100% DEFAULT
PTP POINT1 Vel=100% PDAT1 TOOL[1] BASE[2]
PTP P2 Vel=100% PDAT2 TOOL[1] BASE[2]
...
END
```

(a)库卡机器人源代码 SRC 文件

```
DEFDAT MAINPROGRAM ()
DECL E6POS XPOINT1={X 900, Y 0, Z 800, A 0, B 0, C 0, S 6, T 27, E1
0, E2 0, E3 0, E4 0, E5 0, E6 0}
DECL FDAT FPOINT1 ...
...
ENDDAT
```

(b)库卡机器人数据列表 DAT 文件

图 2-64　库卡机器人程序模块

```
1 DEF  kuka_rock( )                                  ①
2 INI                                                 ②
3 PTP  HOME  Vel=100% DEFAULT                         ③
4 PTP  P1  Vel=100% PDAT1 Tool[1] BASE[0]
5 PTP  P2  Vel=100% PDAT2 Tool[1] BASE[0]
6 PTP  P3  Vel=100% PDAT3 Tool[1] BASE[0]
7 OUT  1 ' ' State= TRUE CONT
8 LIN P4 Vel=2m/s CPDAT1 Tool[1] Base[0]
9 PTP HOME Vel=100% DEFAULT
10 END                                                ①
```

①“DEF程序名（ ）”出现在程序头，“END”表示程序结束。

②“INI”行包含程序正确运行所需标准参数的调用。“INI”行必须最先运行。自带程序文本。

③行使指令“PTP Home”常用于程序开头和结尾，以便机器人工具处于已知安全位置。

图 2-65　库卡机器人程序示例及说明

2.7　智能制造系统组成原理

随着工业 4.0 时代的来临，系统化、数字化、智能化、网络化已逐渐成为中国制造业变革的总体方向。智能制造系统是一种由智能机器和人类专家共同组成的人机一体化智能系统，它将互联网、云计算、大数据、移动应用等新技术与产品生产管理深度融合，借助计算机模拟人类专家的智能活动，如分析、推理、判断、构思和决策等，从而取代或者延伸制造环境中人的部分脑力劳动，实现生产模式的创新变革。

2.7.1　智能制造概念及发展范式

所谓智能制造，就是先进制造技术与新一代信息技术的深度融合，它贯穿于产品、制造、服务全生命周期各个环节，实现泛在感知条件下的信息化制造。智能制造技术是在现代传感技术、网络技术、自动化技术、拟人化智能技术等先进技术的基础上，通过智能化的感知、人机交互、决策和执行技术，实现设计过程、制造过程和制造装备智能化，实现制造业数字化、网络化、智能化。不断提升企业产品质量、效益服务水平，推动制造业创新绿色协调开放、共享发展。

综合智能制造概念的发展，可以归纳出三种智能制造的基本范式，也就是数字化制造、数字化网络化制造、数字化网络化智能化制造(即新一代智能制造)，三个基本范式次第展开、迭代升级，三个基本范式体现了国际上智能制造发展历程中的三个阶段[17]。

数字化制造是智能制造的第一种基本范式，可以称之为第一代智能制造，是智能制造的基础。以计算机数字控制为代表的数字化技术广泛运用于制造业，形成"数字一代"创新产品和以计算机集成系统(CIMS)为标志的集成解决方案。

数字化网络化制造是智能制造的第二种基本范式，也可称之为"互联网+制造"或第二代智能制造。20 世纪末，互联网技术开始广泛运用，"互联网+"不断推进制造业和互联网融合发展，网络将人、数据和事物连接起来，通过企业内、企业间的协同，以及各种社会资源的共享和集成，重塑制造业价值链，推动制造业从数字化制造向数字化网络化制造转变。

数字化网络化智能化制造是智能制造的第三种基本范式，可以称之为新一代智能制造。近年来人工智能加速发展，实现了战略性突破，先进制造技术和新一代人工智能技术深度融合，形成了新一代智能制造，我们也可以称之为数字化网络化智能化制造。新一代智能制造的主要特征表现在制造系统具备了学习能力，通过深度学习、增强学习等技术应用于制造领域，知识产生、获取、运用和传承效率发生了革命性变化，显著提高了创新与服务能力，新一代智能制造是真正意义上的智能制造。

2.7.2　智能制造系统架构

智能制造系统架构通过生命周期、系统层级和智能功能三个维度构建完成，主要解决智能制造标准体系结构和框架的建模研究，如图 2-66 所示。

1. 生命周期

生命周期是由设计、生产、物流、销售、服务等一系列相互联系的价值创造活动组成的链式集合。生命周期中各项活动相互关联、相互影响。不同行业的生命周期构成不尽相同。

2. 系统层级

系统层级自下而上共五层，分别为设备层、控制层、车间层、企业层和协同层(如图 2-66 所示)。智能制造的系统层级体现了装备的智能化和互联网协议(IP)化，以及网络的

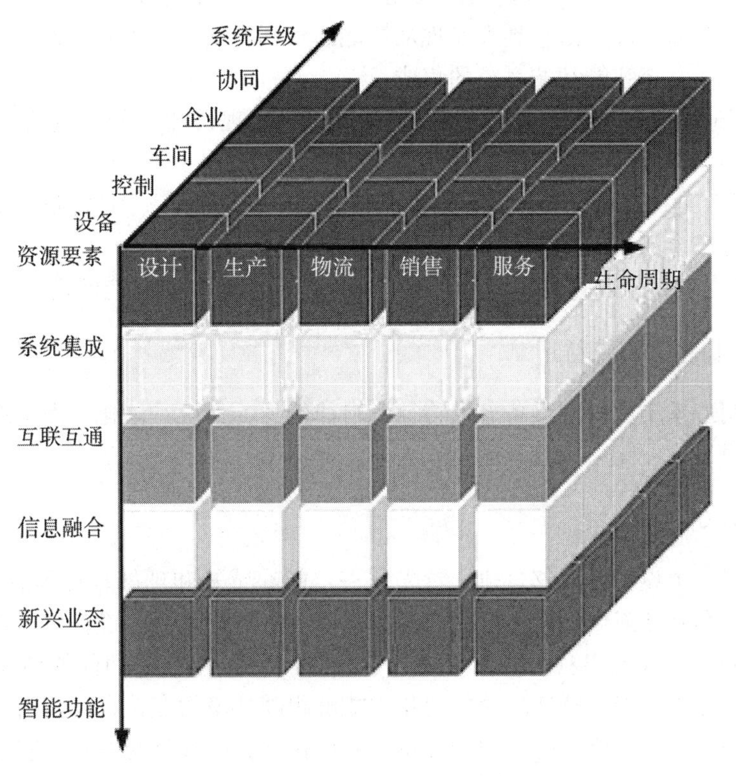

图 2-66 智能制造系统架构

扁平化趋势。具体包括：

(1)设备层级包括传感器、仪器仪表、条码、射频识别、机器、机械和装置等，是企业进行生产活动的物质技术基础；

(2)控制层级包括可编程逻辑控制器(PLC)、数据采集与监视控制系统(SCADA)、分布式控制系统(DCS)和现场总线控制系统(FCS)等；

(3)车间层级实现面向工厂/车间的生产管理，包括制造执行系统(MES)等；

(4)企业层级实现面向企业的经营管理，包括企业资源计划系统(ERP)、产品生命周期管理(PLM)、供应链管理系统(SCM)和客户关系管理系统(CRM)等；

(5)协同层级由产业链上不同企业通过互联网络共享信息实现协同研发、智能生产、精准物流和智能服务等。

智能制造的系统层级体现了装备的智能化和互联网协议(IP)化，以及网络的扁平化趋势。

3. 智能功能

智能功能包括资源要素、系统集成、互联互通、信息融合和新兴业态五层。

(1)资源要素包括设计施工图纸、产品工艺文件、原材料、制造设备、生产车间和工厂等物理实体，也包括电力、燃气等能源。此外，人员也可视为资源的一个组成部分。

(2)系统集成是指通过二维码、射频识别、软件等信息技术集成原材料、零部件、能源、设备等各种制造资源。由小到大实现从智能装备到智能生产单元、智能生产线、数字化车间、智能工厂乃至智能制造系统的集成。

(3)互联互通是指通过有线、无线等通信技术，实现机器之间、机器与控制系统之间、企业之间的互联互通。

(4)信息融合是指在系统集成和通信的基础上，利用云计算、大数据等新一代信息技术，在保障信息安全的前提下，实现信息协同共享。

(5)新兴业态包括个性化定制、远程运维和工业云等服务型制造模式。

2.7.3　智能制造系统特征

一个智能制造系统至少应具备五点特征：自律能力，人机一体化，虚拟现实，自组织和超融性的能力，学习能力和自我恢复能力。

1. 自律能力

一个机器或一个设备要能够自律，首先它一定能够感知和理解环境信息和自身信息，并具有进行分析和判断来规划自身的行为和能力。具有自律能力的设备称为智能机器，智能机器在一定程度上表现出独立性、自主性、个性，甚至相互之间能够协调、运行、竞争。要有自律的能力，能够感知环境的变化，能够跟随环境的变化自己作出决策来调整行动。要做到这一点，一定要有强有力的支持度和记忆支持的模型为基础，它才可能具有自律能力。

2. 人机一体化

智能制造系统不单纯是一个人工智能系统，而是人机一体化的智能系统，它不仅有逻辑思维、形象思维，而且具有灵感。它能够独立地承担起分析、判断、决策的任务。人机一体化的智能系统，在智能机器的配合下能够更好地发挥出人的潜力，使人机之间表现出一种平等共事、互相理解、互相协作的关系。因此，在智能制造系统当中，高素质、高智能的人将发挥更好的作用。机器智能和人的智能能真正地集成在一起，相互配合、相得益彰。

3. 虚拟现实

实现虚拟现实技术也是实现高水平的人机一体化的关键技术之一，虚拟现实技术是以计算机为基础，融合信号处理、动画技术、智能推理、预测、仿真多媒体技术为一体，借助多种音像和传感器，虚拟展示现实生活当中各种过程、部件，因而能够模拟制造过程和未来的产品。从感官和视觉上给人获得完全如真实的感受，它的特点是可以按照人的意志、意念来变化，这种人机结合的新一代的智能界面是智能制造的显著特征。

4. 自组织和超融性的能力

在智能制造系统当中，各组成单元能够根据任务的需要自行地组成一种结构，它的融性不仅表现在运行方式上，而且表现在结构形式上，所以称这种融性为超融性。就像一群人类专家组成的群体，它具有一种生物的特征。根据环境的变化，它可以有自组织的能力。

5. 学习能力和自我恢复能力

智能制造系统里能够在实践当中不断充实知识库，具有自学习能力。在运行当中能进行故障诊断，并对故障进行排除，自行恢复。这种特征使智能制造系统能够自我优化，适应各种复杂的环境。

2.7.4 智能制造系统关键技术

1. 识别技术

识别功能是智能制造重要的环节之一，识别技术主要体现在射频识别技术、基于深度三维图像识别技术以及物体缺陷自动识别技术。基于三维图像物体识别的任务是识别出图像是什么类型物体的关键，并给出物体在图像中所呈现的位置和方向，是对三维世界的感知理解。三维物体识别技术是在智能制造服务系统中识别物体几何情况的关键技术。

2. 实时定位系统

实时定位系统可以对多种材料、零件、工具、设备等资产进行实时跟踪管理，生产过程中需要跟踪在制品的位置行踪，以及材料、零件、工具的存放位置等。这样在智能制造服务系统中就需要建立一个实时定位网络系统，以及生产全流程实时监控系统。

3. 信息物理融合系统

信息物理融合系统又被称为“虚拟网络-实体物理”生产系统，它彻底改变了传统制造业的逻辑。在信息物理融合系统中，一个工件就能算出自己需要哪些服务。通过数字化逐步升级现有生产设施，这样生产系统可以实现全新的体系结构。

4. 网络安全技术

数字化推动了制造业的发展，在很大程度上得益于计算机网络技术的发展，但同时也给工厂的网络安全构成了威胁。以前习惯于纸质的熟练工人，现在越来越依赖于计算机网络、自动化机器和无处不在的传感器，而技术人员的工作就是把数字数据转换成物理部件和组件。制造过程的数字化技术资料支撑了产品设计、制造和服务的全过程，必须得到保护。

5. 智能制造系统协同技术

系统协同技术需要大型制造工程项目复杂自动化系统的整体方案设计技术、安装调试技术、统一操作界面和工程工具的设计技术、统一事件序列和报警处理技术、一体化资产管理技术等相互协同来完成。

2.8 智能机器人技术

2.8.1 智能机器人概述

智能机器人是指具有感知、思维和行动，能够获取、处理、识别多种信息，能够将多种传感器得到的信息进行融合，有效地适应变化的环境，具有很强的自适应能力、学习能力和自主完成较为复杂操作任务的机器人。智能机器人具有不同程度的“感知”周围环境的能力，具有识别、推理、规划和学习的智能机制，能够把感知和行动智能化结合起来，完成非特定环境作业。相比传统的工业机器人，智能机器人具有更大的柔性、安全和与人协作的能力。智能机器人也是人工智能技术，例如模式识别、人工神经网络、专家系统、进化算法、机器学习等在机器人中的具体应用。智能机器人的应用范围正从制造业不断扩展到外星探测、陆地、水面、海洋、极地、微纳操作等特种与极限领域，并开始渗透到人们的日常生活中[18]。

1. 组成

一个智能机器人系统通常包括4个部分：移动机构、感知系统、控制系统和驱动系统。移动机构是智能机器人的本体，决定智能机器人的运动空间，通常有步行机构、轮式机构、履带式机构、爬行机构和混合机构等几种。感知系统一般采用摄像机(视觉传感器)、激光测距传感器、超声波测距传感器、接触和接近传感器、红外线测距传感器和雷达定位传感器等。智能机器人控制系统根据感知系统对环境的分析与建模，控制移动机构动作，在复杂环境中移动并自主执行任务。驱动系统是使得机器人产生实际动作的部分。

2. 分类

智能机器人按工作环境可以分为室内智能机器人、室外智能机器人；按移动方式可以分为轮式智能机器人、步行智能机器人、爬行智能机器人、履带式智能机器人、蛇形智能机器人等；按控制体系结构可以分为功能式结构智能机器人、行为式结构智能机器人和混合式结构智能机器人；按功能和用途可以分为医疗机器人、军用机器人、助残机器人、清洁机器人等；按作业空间可以分为陆地机器人、水下机器人、空间机器人等。

3. 发展方向

智能机器人未来的主要发展方向包括：①面向任务的高级智能机器人；②发展更先进的多传感技术，提高集成技术，增加信息的融合；③机器人网络化，利用通信网络技术将各种机器人连接到计算机网络上，并通过网络对机器人进行有效的控制；④提高智能机器人的机器学习能力，使其具有类似人的学习能力，以适应日益复杂的、不确定和非结构化的环境；⑤智能人机接口，提高人与机器人交互的和谐性；⑥多机器人协调作业，组织和控制多个机器人来协作完成单机器人无法完成的复杂任务；⑦研发主要用于医疗、休闲和娱乐场合的软机器人技术；⑧仿人和仿生技术。

智能机器人的关键技术主要包括：自主导航、人机协作、运动控制及人机接口技术等，其中最关键的自主导航又涉及多传感信息融合技术、定位和建图技术、路径规划技术，下面分别简要介绍。

2.8.2 自主导航技术

1. 基于多传感器信息融合技术的环境感知

机器人实现智能化的前提是实现自主性，而自主性的关键在于其对自身环境的感知。机器人的工作环境复杂多样，在很多情况下机器人对其作业环境无法预先了解。因此具备对环境的感知能力，是其实现环境建模、定位导航、路径规划等功能最基本的前提。

机器人三维环境感知技术，主要是指机器人通过机载的传感器获取周围环境信息，并提取环境中的有效特征部分，对其进行处理和理解后，建立三维环境模型的过程。在整个过程中，对于环境信息的获取，主要通过测量空间障碍物到机器人的深度信息来实现。

目前，移动机器人三维环境感知技术中，常用的传感器包括：视觉传感器、激光雷达、红外测距传感器、超声波测距传感器等。视觉传感器主要分为单目摄像头、双目摄像头和深度摄像头。单目摄像头的结构最为简单且成本最低。但是单目相机无法直接获得深度信息，需要通过邻近的图像匹配计算出摄像头的位姿变化，根据其位姿变化并利用三角测量计算出对应的深度图。其计算深度图的过程复杂、计算量大。双目摄像头，使用两个摄像头观察同一目标，直接利用三角测量求出对应的深度图，但是当目标距离摄像头较远时，双目相机则会退化成单目相机。而深度摄像头是利用飞行时间测距法(Time of Flight, TOF)或者结构光去获取深度，其优点在于计算量小，但是单侧距离小。上述各类传感器在移动机器人环境感知和建模中发挥着不同的作用。其中视觉传感器和激光雷达是移动机器人环境感知和建模最常用的传感器。超声波、红外测距传感器由于测量精度有限，一般只用于障碍物检测，而不用于环境特征识别与建模。

由于各类传感器工作机理、作用范围、适用环境不同，感知信息的种类和能力也不尽相同。通常一个机器人需配备多种传感器，采用多传感器信息融合技术，综合利用多传感器信息，消除冗余，并加以互补，从而提高对环境变化的适应性，使机器人能够获取更完备的环境信息。因此多传感器信息融合成为机器人环境感知面临的重大技术任务。

多传感器信息融合技术的基本原理就像人的大脑综合处理信息的过程一样，将各种传感器进行多层次、多空间的信息互补和优化组合处理，最终产生对观测环境的一致性解释。在这个过程中要充分地利用多源数据进行合理支配与使用，而信息融合的最终目标则是基于各传感器获得的分离观测信息，通过对信息多级别、多方面组合导出更多有用信息。这不仅是利用了多个传感器相互协同操作的优势，而且也综合处理了其他信息源的数据来提高整个传感器系统的智能化。

利用多个传感器联合或共同结合的优势，可以提高机器人传感器系统的有效性，为机器人提供智能化的决策信息。多传感器信息融合技术从多信息视角处理信息，充分利用计算机的高速运算和多源信息的互补性来提高信息的质量。

根据数据处理方法的不同，信息融合系统的体系结构有三种：分布式、集中式和混合式。

(1)分布式：先对各个独立传感器所获得的原始数据进行局部处理，然后再将结果送入信息融合中心进行智能优化组合来获得最终的结果。分布式对通信带宽的需求低、计算速度快、可靠性和延续性好，但跟踪的精度却远没有集中式高。

(2)集中式：集中式将各传感器获得的原始数据直接送至中央处理器进行融合处理，可以实现实时融合，其数据处理的精度高，算法灵活，缺点是对处理器的要求高，可靠性较低，数据量大，故难于实现。

(3)混合式：混合式多传感器信息融合框架中，部分传感器采用集中式融合方式，剩余的传感器采用分布式融合方式。混合式融合框架具有较强的适应能力，兼顾了集中式和分布式融合的优点，稳定性强。混合式融合方式的结构比前两种融合方式的结构复杂，这样就加大了通信和计算上的代价。

2. 定位与地图构建

机器人定位即回答“我在哪儿”的问题，指机器人运动过程中，如何通过传感器自主感知，来确定自身的位置与航向角。机器人地图构建即回答“环境怎么样”的问题，指机器人通过感知环境，从而重构出其所在环境的空间模型。

目前的机器人定位技术主要分为两种：绝对定位技术与相对定位技术。绝对定位技术主要有地图匹配、路标标识和 GPS 等，是指在全局参考信息下直接通过传感器获得自己的位置信息。相对定位技术则是通过传感器所采集的信息并结合之前的运动位姿和环境信息来对当前的定位进行推算，主要使用的传感器有惯性导航单元和视觉里程计。绝对定位系统如 GPS 容易受到环境变化的干扰，比如天线上空存在遮挡时，会使收星变差导致定位精度降低，室内环境则会直接导致定位失败。

相对定位系统由于需要从之前的信息进行推算，会导致误差累积不断变大，存在轨迹漂移现象。即时定位与地图创建(Simultaneous Localization and Mapping，SLAM)是当前移动机器人定位技术主流的研究方法之一。SLAM 是指移动机器人在环境中移动的过程中，一边通过传感器对周围环境进行构建，一边确认自身在环境中的位置。机器人从未知环境的未知地点出发，在运动过程中通过重复观测到的地图特征(比如墙角、柱子等)定位自身位置和姿态，再根据自身位置增量式地构建地图，从而达到同时定位和地图构建的目的。

目前，基于 SLAM 的定位技术有激光 SLAM 和视觉 SLAM 之分，激光 SLAM 技术主要是通过对目标物发射激光信号，再根据从物体反射回来的信号时间差来计算这段距离，然后再根据发射激光的角度来确定物体和发射器的角度，从而得出物体与发射器的相对位置。SLAM 最早开始以激光测距仪为主要传感器，称之为激光 SLAM。激光测距仪具有测量精度高，有深度信息等优点，但是价格昂贵而且功耗大。

而视觉 SLAM 定位导航技术包含了摄像机(CCD 图像传感器)、视频信号数字化设备、基于 DSP 的快速信号处理器、计算机及其外部设备等。其工作原理简单来说就是对机器人周边的环境进行光学处理，先用摄像头进行图像信息采集，将采集的信息进行压缩，然后将它反馈到一个由神经网络和统计学方法构成的学习子系统中，再由学习子系统将采集到的图像信息和机器人的实际位置联系起来，完成机器人的自主导航定位功能。视觉传感器具有造价低廉、安装结构简单、数据信息丰富等诸多优点。

3. 路径规划

路径规划是指智能机器人在移动过程中，能辨识障碍物的位置，并能在不同的环境中寻求最优路径，以确保最快到达目标位置。路径规划是机器人自主导航研究的一个重要环节和课题。路径规划主要涉及的问题包括：①利用获得的移动机器人环境信息建立较为合理的模型，再利用某种算法寻找一条从起始状态到目标状态的最优或次优的无碰撞路径；②能够处理环境模型中的不确定因素和路径跟踪中出现的误差，使外界对机器人的影响降到最小；③利用已知信息来引导机器人动作，从而得到相对更优的行为策略。

根据智能机器人对环境信息掌握程度的不同，将智能机器人路径规划分为基于模型的全局路径规划和基于传感器的局部路径规划。前者指作业环境的全部信息已知，又称静态或离线路径规划。后者指作业环境信息全部未知或部分未知，又称动态或在线路径规划。

全局路径规划是在已知的环境中，给机器人规划一条路径，路径规划的精度取决于环境获取的准确度，全局路径规划可以找到最优解，但是需要预先知道环境的准确信息，当环境发生变化，如出现未知障碍物时，该方法就无能为力。它是一种事前规划，因此对机器人系统的实时计算能力要求不高，虽然规划结果是全局的、较优的，但是对环境模型的错误及噪声鲁棒性差。

而局部路径规划中，环境信息完全未知或有部分可知，侧重于考虑机器人当前的局部环境信息，让机器人具有良好的避障能力，通过传感器对机器人的工作环境进行探测，以获取障碍物的位置和几何性质等信息，这种规划需要搜集环境数据，并且对该环境模型的动态更新能够随时进行校正，局部规划方法将对环境的建模与搜索融为一体，要求机器人系统具有高速的信息处理能力和计算能力，对环境误差和噪声有较高的鲁棒性，能对规划结果进行实时反馈和校正，但是由于缺乏全局环境信息，所以规划结果有可能不是最优的，甚至可能找不到正确路径或完整路径。

全局路径规划和局部路径规划并没有本质上的区别，很多适用于全局路径规划的方法经过改进也可以用于局部路径规划，而适用于局部路径规划的方法同样经过改进后也可适用于全局路径规划。两者协同工作，机器人可更好地规划从起始点到终点的行走路径。

2.8.3 人机协作智能机器人

目前工业机器人还存在不少问题：①机器人基本靠离线、在线编程完成预先设定的动作，智能化程度不高；②由于环境自适应性差、结构笨重、运行噪音大，为保证安全，机器人基本工作在隔离网内，缺少人机交互；③机器人安装调试周期长，不适应企业对客户的快速响应和市场变化；④机器人成本较高，企业一次性投入负担比较重。因此开发能够灵活实现人与机器人协调工作的协作机器人成了工业机器人领域最热门的研究方向之一。

2016 年国际标准化组织针对协作机器人发布的 ISO 标准 TS 15066，其中对“协作

(collaborative operation)”给出的定义为，一个特定设计的机器人系统与一名操作者在同一工作环境下协同工作的状态。协作机器人是一种能够用在协作环境中的机器人，协作操作意味着机器人和人在定义的工作空间内同步工作，进行生产操作(这不包括机器人系统之间同地协作、在不同时间进行操作的人与机器人)。定义和部署协作机器人，可预测机器人的实体部分(如实际功能扩展，比方说激光)与操作员的潜在冲突。更重要的是，能利用传感器确定操作员的精确位置和速度。

协作机器人制造者必须在机器人系统中实施高水平的环境感应和冗余，以便快速探测和防止可能的冲突。集成式传感器与控制单元连接，当检测出机器人手臂与人或其他对象有迫在眉睫的冲突时，控制单元将立即关闭机器人。如果任何传感器或其电子电路发生故障，机器人也将关闭。

符合标准的协作机器人将足够安全，不再需要防护栏进行隔离。它具有以下几个优势：①通过多传感器融合，提高机器人的智能水平，使编程更加简单，提高环境适应性；②结构灵巧、低功耗、低噪声，无需安全围栏实现人机并肩工作；③小型、轻巧、可移动、安装方便、即插即用，为用户降低成本和时间；④使用范围广，不仅可以用在工业制造领域，也可以用在家庭服务、休闲娱乐场合。

目前的协作机器人市场仍处于起步发展阶段，现有公开数据显示，来自全球近 20 家企业公开发布了近 30 款协作机器人，代表性的有 Universal Joints 的 UR5，Kuka 的 LBR iiwa，ABB 的 YuMi，FANUC 的 CR-35iA 等。图 2-67 所示的 UR5 六轴协作机器人是 Universal Joints 于 2008 年推出的全球首款协作机器人，有效负载 5kg，自重 18kg，臂展 850mm，外接 Teach Pendant 示教器，支持拖动示教。结构上采用模块化关节设计，通过监测电机电流的变化获取关键的关节力信息，实现力反馈，从而在保证安全性的同时摆脱了力矩传感器，生产成本大大降低。

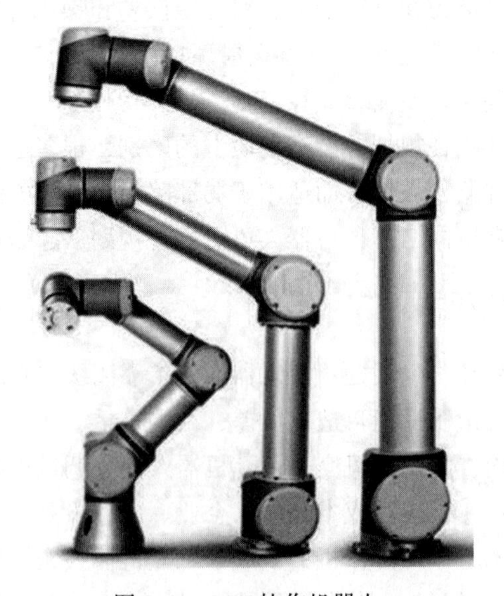

图 2-67　UR5 协作机器人

2.8.4 机器人操作系统

目前机器人开发中，软件开发的比重越来越大，而软件开发中软件框架的选择，是软件架构设计中一个重要的决策，直接决定了软件开发的效率，以及后续功能的实现程度。机器人操作系统是专为机器人软件开发所设计的一套类似电脑操作系统的软件架构，提供类似于电脑操作系统的服务，包括硬件抽象描述、底层驱动程序管理、共用功能的执行、程序间消息传递、程序发行包管理，它也提供一些工具和库用于获取、建立、编写和执行多机融合的程序。机器人操作系统的首要目标是提高机器人研发的代码复用率。

1. ROS 简介

目前机器人软件开发中最常用的机器人操作系统是 ROS(Robot Operating System)，原本是斯坦福大学的一个机器人项目，后来由 Willow Garage 公司发展，目前由 OSRF(Open Source Robotics Foundation)公司维护的开源项目。它具有一个编写机器人软件的灵活框架，该框架包括一套用于简化所创建的复杂和鲁棒的机器人行为任务的编译、编写跨计算机运行代码所需的工具和库函数。目前最新版主要支持 Ubuntu、Mac OS 等操作系统等。其独特之处在于，能够支持多种语言，如 C++、Python、Octave 和 LISP，甚至支持多种语言混合使用，因此 ROS 可以跨平台，在不同计算机、不同操作系统、不用编程语言、不同机器人上使用，并且支持协同式机器人软件开发。因为 ROS 基于 Linux，其可靠性也更高，体积可做到更小，更适合嵌入式设备[19]。

ROS 有四大优点：①松散耦合机制方便机器人软件框架的组织；②最丰富的机器人功能库，方便快速搭建原型；③非常便利的数据记录、分析、仿真工具，方便调试；④学界和产业界的标准，方便学习和交流。总之，使用 ROS 能够方便迅捷地搭建好机器人原型。

目前除了 ROS，还有很多类似的机器人软件框架，包括 Player、YARP、Orocos、CARMEN、Orca、MOOS，以及 Microsoft Robotics Studio。

如图 2-68 所示，ROS 对机器人的硬件如机器人本体、GPS、激光雷达等进行了封装，

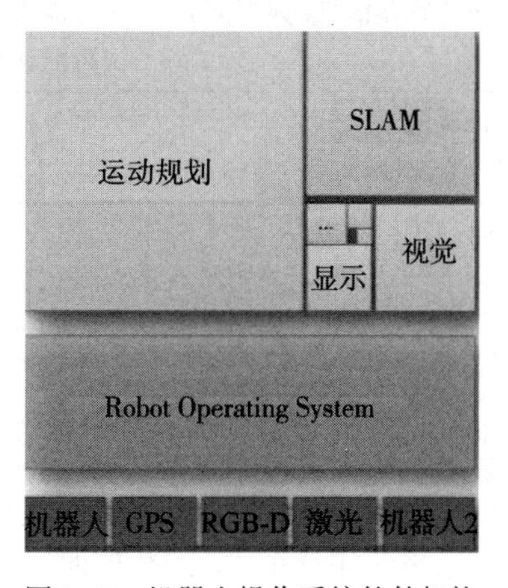

图 2-68 机器人操作系统软件架构

不同的机器人、不同的传感器，在 ROS 里可以用相同的方式表示，供上层应用程序如运动规划、SLAM 等调用等。

2. ROS 的通信机制

ROS 具有跨平台的模块化软件通信机制，ROS 用节点(Node)的概念表示一个应用程序，不同 Node 之间通过事先定义好格式的三种通信机制即消息(Topic)、服务(Service)、动作(Action)来实现通信，如图 2-69 所示。

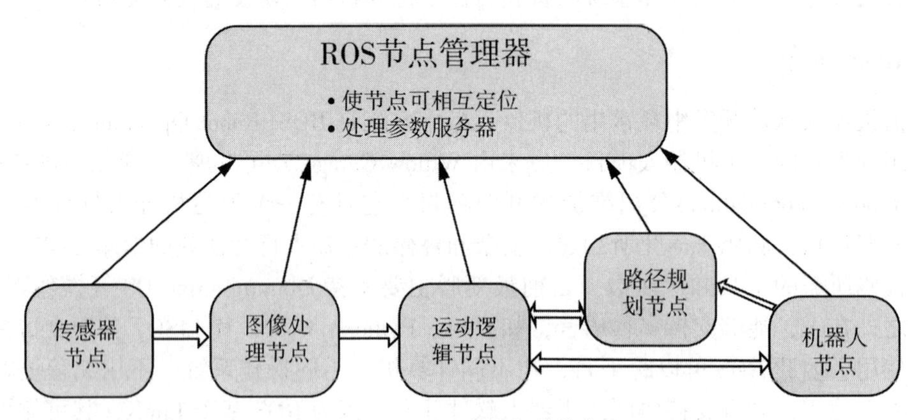

图 2-69　ROS 中的各种节点

三种通信方式的优缺点如表 2-10 所示，基于这种模块化的通信机制，开发者可以很方便地替换、更新系统内的某些模块，也可以用自己编写的节点替换 ROS 的个别模块，十分适合算法开发。

表 2-10　**ROS 的三种通信方式及特点**

类型	优点	缺点
消息(Topic)	· 适合用于传输传感器信息(数据流) · 一对多模式	· 可能丢失数据 · 可能让系统过载(数据太多)
服务(Service)	· 能够知道是否调用成功 · 服务执行完会有反馈	· 服务执行完之前，程序会等待 · 建立通信较慢
动作(Action)	· 可以监控长时间执行的进程 · 有握手信号	· 较复杂

3. ROS 提供的开源工具

ROS 为开发者提供了一系列非常有用的工具，可以大大提高软件开发的效率。

(1)rqt_ plot：可以实时绘制当前任意 Topic 的数值曲线。

(2)rqt_ graph：可以绘制出各节点之间的连接状态和正在使用的 Topic 等。

(3)TF：TF 是 Transform 的简写，利用它，可以实时知道各连杆坐标系的位姿，也可以求出两个坐标系的相对位置。

(4)Rviz：超强大的 3D 可视化工具，可以显示机器人模型、3D 电影、各种文字图标，也可以很方便二次开发。

4. ROS 中的先进算法

除了 ROS 之外，世界上已经有很多非常优秀的机器人开源项目，但是 ROS 正逐渐将它们一一囊括在自己的范畴里。例如：

OROCOS：这个开源项目主要侧重于机器人底层控制器的设计，包括用于计算串联机械臂运动学数值解的 KDL、贝叶斯滤波、实时控制等功能。

OpenRave：这是在 ROS 之前最多人用来做运动规划的平台，ROS 已经将其中的 ikfast (计算串联机械臂运动学解析解)等功能吸收。

Player：一款优秀的二维仿真平台，可以用于平面移动机器人的仿真，现在在 ROS 里可以直接使用。

OpenCV：大名鼎鼎的机器视觉开源项目，ROS 提供了 cv_ bridge，可以将 OpenCV 的图片与 ROS 的图片格式相互转换。

OMPL：现在最著名的运动规划开源项目，已经成了 MoveIt 的一部分。

Visp：一个开源视觉伺服项目，已经跟 ROS 完美整合。

Gazebo：一款优秀的开源仿真平台，可以实现动力学仿真、传感器仿真等，也已被 ROS 吸收。

除了吸收别的优秀开源项目，ROS 自身也开发出许多非常优秀的项目和库。

(1)ORK：一个物体识别与位姿估计开源库，包含 LineMod 等算法，但实际使用效果还不是太理想。

(2)Localization：基于扩展卡尔曼滤波(EKF)和无迹卡尔曼滤波(UKF)的机器人定位算法，可以融合各种传感器的定位信息，获得较为准确的定位效果。

(3)Navigation：基于 Dijkstra、A * 算法(全局规划器)和动态窗口法 DWA(局部规划器)的移动机器人路径规划模块，可以在二维地图上实现机器人导航。

(4)Gmapping：这其实是在 OpenSlam 项目中继承过来的(后来发展和改动较大)，利用 Gmapping 可以实现 laser-based SLAM，快速建立室内二维地图。

(5)MoveIt：这个是专注于移动机械臂运动规划的模块。

(6)PCL：一个开源点云处理库，原本是从 ROS 中发展起来的，后来由于太受欢迎，为了让非 ROS 用户也能用，就单独成立了一个 PCL 的项目。

除了这些最先进的算法外，ROS 还有各种机器人、传感器驱动等内容。

2.9 逆向设计工程技术

逆向工程(Reverse Engineering，RE)也称为反求工程，与传统产品正向设计方法不同，它是依据已存在的产品或零件原型构造产品或零件的工程设计模型，在此基础上对已有产品进行分析和改进，是对已有设计的再设计。其主要任务是将原始物理模型转化为工程设计概念或产品数字化模型。反求工程技术是测量技术、数据处理技术、图形处理技术和加工技术相结合的一门结合性技术。

1. 逆向工程原理

反求工程的原理是通过诸如三坐标测量机、激光扫描仪、结构光源转换仪或者 X 射线断层成像、3D 扫描等数据采集设备，获取实物样件表面或表面及内腔数据，再将这些数据输入专门的数据处理软件或带有数据处理能力的三维 CAD 软件进行处理和三维重构，在计算机上复现实物样件的几何形状，并在此基础上进行原样复制、修改或重设计，该方法主要用于对难以精确表达的曲面形状或未知设计方法的构件形状进行三维重构和再设计。

2. 逆向工程实施过程

逆向工程的实施过程是：首先测量一个已存在的零件或原型，得到它的测量数据，然后重构其 CAD 模型。这个 CAD 模型描述了原始物体的几何特征和其他的一些特性，并且可以用于许多其他的用途，例如分析、修改、制造和测试等。逆向工程是通过调整和修改特征参数形成物体模型的推理过程，如图 2-70 所示。

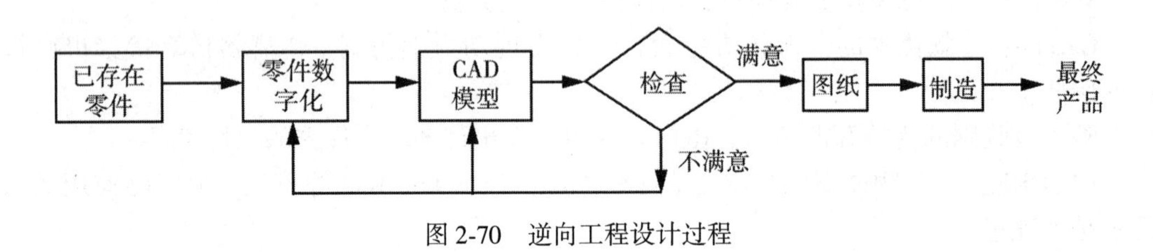

图 2-70　逆向工程设计过程

逆向工程一般可分为以下四个阶段。

1) 零件原形的数字化

通常采用三坐标测量机或激光扫描等测量装置，通过测量采集零件原形表面点的三维坐标值，并使用逆向工程专业软件接收处理离散的"点、点云"数据。数据测量的设备有：三坐标测量机(CMM)、激光三维扫描仪、结构光测量仪、光栅照相式二维扫描仪、CT 扫描仪等。就测头结构原理来说，其可分为接触式和非接触式两种。其中，接触式测头又可分为硬测头和软测头两种，这种测头通过与被测物体直接接触来获取数据信息，非接触式测头则是应用光学及激光的原理进行的。

2) 测量数据的处理

通过测量设备得到的点数据存在噪声和误差等，需要将点数据进行格式转化、噪声滤除、平滑、对齐、合并、插值补点、数据精简和数据分割等一系列的数据处理。

3) CAD 三维模型重构

模型重构是对上一步骤处理的数据利用逆向工程软件进行曲面拟合，然后通过点、线、面的求交、拼接和匹配，连接成光滑曲面，从而获得产品模型的一个过程，是逆向工程中最重要和最复杂的一个阶段。专用的逆向工程软件包括 Imageware、Geomagic Studio、CopyCAD、RapidForm 等。

4)实体制造

重建 CAD 模型的检验与修正，是根据已获得的 CAD 模型重新加工出实体样品的方法来检验重建的 CAD 模型是否满足精度或其他试验性能指标的要求，对不满足要求者重复以上过程，直至达到产品的逆向工程设计要求。快速成形技术是实体制造最常用的方法。其工艺方法很多，其中常见的有光固化成形(SLA)、选择性激光烧结(SLS)、分层实体制造(LOM)和熔融沉积制造(FDM)等。

3. 逆向工程常用测量方法

逆向工程的测量方法可分成两类：接触式与非接触式。

1)接触式测量方法

借助坐标测量机这种大型精密的三坐标测量仪器，对具有复杂形状工件的空间尺寸进行逆向工程测量。坐标测量机一般采用触发式接触测量头，一次采样只能获取一个点的三维坐标值。坐标测量机的主要优点是测量精度高，适应性强，但一般接触式测头测量效率低，而且对一些软质表面无法进行逆向工程测量。

层析法是将研究的零件原形填充后，采用逐层铣削和逐层光扫描相结合的方法获取零件原形不同位置截面的内外轮廓数据，并将其组合起来获得零件的三维数据。层析法的优点在于可对任意形状、任意结构零件的内外轮廓进行测量，但测量方式是破坏性的。

2)非接触式逆向工程测量方法

根据测量原理的不同，非接触式测量大致有光学测量、超声波测量、电磁测量等方式。以下仅对最为常用与较为成熟的光学测量方法(含数字图像处理方法)作简要说明。

基于光学三角形原理的逆向工程扫描法：这种测量方法根据光学三角形测量原理，以激光作为光源，其结构模式可以分为光点、单线条、多光条等，将其投射到被测物体表面，并采用光电敏感元件在另一位置接收激光的反射能量，根据光点或光条在物体上成像的偏移，通过被测物体基平面、像点、像距等之间的关系计算物体的深度信息。

基于相位偏移测量原理的莫尔条纹法：这种测量方法将光栅条纹投射到被测物体表面，光栅条纹受物体表面形状的调制，其条纹间的相位关系会发生变化，用数字图像处理的方法解析出光栅条纹图像的相位变化量来获取被测物体表面的三维信息。

基于工业 CT 断层扫描图像逆向工程法：这种测量方法对被测物体进行断层截面扫描，以 X 射线的衰减系数为依据，经处理重建断层截面图像，根据不同位置的断层图像可建立物体的三维信息。该方法可以对被测物体内部的结构和形状进行无损测量。该方法造价高，测量系统的空间分辨率低，获取数据时间长，设备体积大。

立体视觉测量方法：立体视觉测量是根据同一个三维空间点在不同空间位置的两个(多个)摄像机拍摄的图像中的视差，以及摄像机之间位置的空间几何关系来获取该点的三维坐标值。立体视觉测量方法可以对处于两个(多个)摄像机共同视野内的目标特征点进行测量，而无须伺服机构等扫描装置。立体视觉测量面临的最大困难是空间特征点在多幅数字图像中提取与匹配的精度与准确性等问题。近年来出现了将具有空间编码特征的结构光投射到被测物体表面制造测量特征的方法，有效解决了测量特征提取和匹配的问题，但在测量精度与测量点的数量上仍需改进。

2.10　微纳制造技术

自微电子技术问世以来，人们不断追求越来越完善的微小尺度结构装置，并对生物、环境控制、医学、航空航天、先进传感器与数字通信等领域，不断提出微小型化方面的更新、更高的要求。微米/纳米技术已成为现代科技研究的前沿，并成为世界先进国家科技发展竞争的科技高峰之一。

微纳制造起源于半导体制造工艺，其加工方式十分丰富，主要包含了微细机械加工、各种现代特种加工、高能束加工等方式，而微机械制造过程又往往是多种加工方式的组合。目前，微纳加工常用以下几种加工方法。

1. 超微机械加工

超微机械加工是指用精密金属切削和电火花、线切割等加工方法，制作毫米级尺寸以下的微机械零件，是一种三维实体加工技术。多为单件加工和单件装配，费用较高。微细切削加工适合所有金属、塑料及工程陶瓷材料。主要切削方式有车削、铣削、钻削等。

2. 光刻加工

半导体加工技术的核心是光刻，又称光刻蚀加工或刻蚀加工，简称刻蚀。1958 年左右，光刻技术在半导体器件制造中首次得到成功应用，研制成平面型晶体管，从而推动了集成电路的飞速发展。数十年以来，集成技术不断微型化。其中，光刻技术发挥了重要作用。目前可以实现小于 1μm 线宽的加工，集成度大大提高，已经能制成包含百万个甚至千万个元器件的集成电路芯片。

光刻加工过程可分为两个阶段：第一阶段为原版制作，生产工作原版或工作掩膜，为光刻时的模板；第二阶段为光刻。光刻的加工过程如图 2-71 所示[20]，其基本过程如下。

1) 涂胶

涂胶是把光致抗蚀剂涂敷在已镀有氧化膜的半导体基片上。

2) 曝光

曝光通常有两种方法，一种是由光源发出的光束经掩膜在光致抗蚀剂上成像，称为投影曝光；另一种是将光束聚焦形成细小束斑，通过扫描在光致抗蚀剂涂层上绘制图形，称为扫描曝光。常用的光源有电子束、离子束等。

3) 显影与烘片

将曝光后的光致抗蚀剂浸在一定的溶剂中，将曝光图形显示出来，称为显影；显影后进行 200~300℃的高温处理，以提高光致抗蚀剂的强度。此过程称为烘片。

4) 刻蚀

利用化学或物理方法，将没有光致抗蚀剂部分的氧化膜除去。常用的刻蚀方法有化学刻蚀、离子刻蚀和电解刻蚀等。

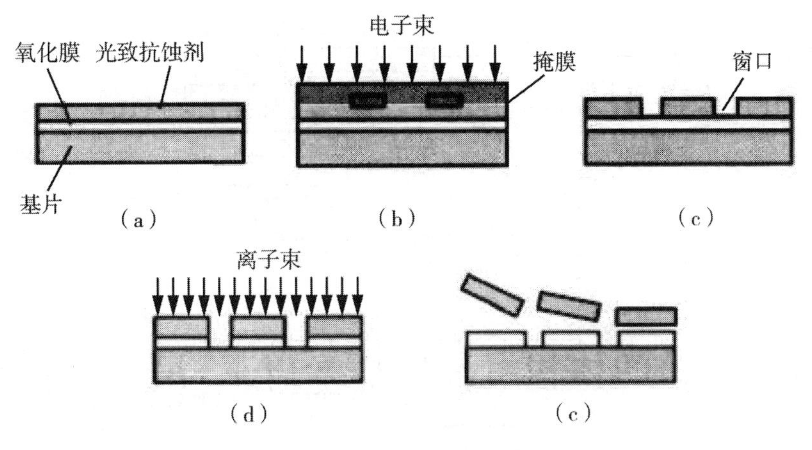

图 2-71 光刻加工过程

5)剥膜(去胶)

用剥膜液去除光致抗蚀剂。剥膜后需进行水洗和干燥处理，最后进行外观线条尺寸、间隔尺寸、断面形状、物理性能和电学特性等的检查。

3. 激光直写

激光直写是利用强度可变的激光束对基片表面的抗蚀材料实施变剂量曝光，显影后在抗蚀层表面形成所要求的浮雕轮廓。激光直写系统的基本工作原理是由计算机控制高精度激光束扫描，在光刻胶上直接曝光写出所设计的任意图形，从而把设计图形直接转移到掩膜上。激光直写系统的基本结构如图 2-72 所示，主要由氦镉(He-Cd)激光器、声光调制器(Acousto-Optic Modulator，AOM)、投影光刻物镜、CCD 摄像机、显示器、照明光源、工作台、调焦装置、氦氖(He-Ne)激光干涉仪和控制计算机等部分构成。激光直写的基本工作流程是：用计算机产生设计的微光学元件或待制作的 VLSI 掩膜结构数据；将数据转换成直写系统控制数据，由计算机控制高精度激光束在光刻胶上直接扫描曝光；经显影和刻蚀将设计图形传递到基片上。

激光直写系统工作平台的结构有两种不同的坐标方式：直角坐标方式与极坐标方式。前者是将光刻胶基片置于 X-Y 平台上，被聚焦的 He-Cd 激光束对其进行光栅式扫描并变剂量曝光。极坐标方式是将光刻胶基片置于回转平台上，当会聚光斑不动时，回转平台随气浮转轴匀速旋转，使基片上的一个圆环等剂量曝光(假定其他参数不变)，此时曝光圆环的宽度等于聚焦光斑的大小；而一维平台的线性移动可改变聚焦光斑偏离回转平台的中心，即改变基片上曝光小圆环的半径，从而对整个基片曝光。

直角坐标方式的激光直写系统是最典型的激光直写系统，常用于大规模集成电路中专用芯片的小批量开发和生产，适合制作各种线形的光学元件，其缺点是制作具有中心对称的光学元件的速度比较慢，且实际操作起来比较复杂、难以控制，而极坐标方式的直写系统则与其相反，更适合制作具有中心对称的光学元件。

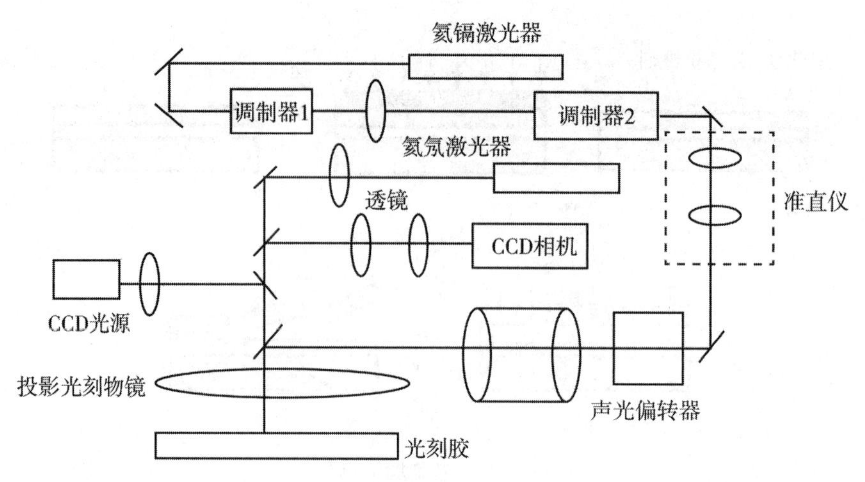

图 2-72　激光直写系统结构简图

激光直写技术主要存在以下问题[21]。

(1)机械误差：光刻过程是将放置在电动平台上的光刻胶基片随着电动平台的转动和平移，由声光调制器控制光束的强弱，对光刻胶进行变剂量曝光。通常电动平台的定位精度达到微米或亚微米量级。由于惯性、静摩擦、松动等所造成的螺距误差与偏移，将直接影响系统的性能和光刻元件的质量。

(2)光功率控制：激光直写系统常用的光源是 He-Cd 激光器，国产的 He-Cd 激光器具有过量的噪声输出，其功率起伏可达 6%左右，给器件的加工质量带来误差，此外，在不同半径的环带上加工时，由于线速度、加工深度等因素的不同需要调节光功率。因此，对 He-Cd 激光器光功率稳定的控制、噪声的抑制以及实现光强连续可调的研究有着重要的意义。

(3)光学邻近效应：在激光直写过程中，由于直写激光束具有一定的焦斑直径，因此该系统一般只能制作 1μm 以上的线条。若加工线条的特征尺寸小于 1μm 时，将出现明显的邻近瞬变，限制了直写光刻的分辨率。激光直写光学邻近效应的校正有几种方法，其中缩小激光束的焦斑尺寸和改善焦斑配光强分布是减少邻近畸变最直接的方法。

(4)小焦斑、大焦深：根据圆孔的夫琅禾费衍射理论，当平行光入射到聚焦物镜时，焦斑的大小为艾里斑的直径，它与物镜的数值孔径成反比，焦深与物镜的数值孔径的平方成反比。实际中我们往往需要得到线条较细、具有一定槽深的光学元件，因此要得到小焦斑、大焦深的光束是一对矛盾问题。

(5)槽形的控制：理论上，槽宽的大小与聚焦光斑的大小相同。但实际上除了焦斑本身的大小外，影响槽宽的因素是多方面的，其中曝光强度和扫描速度是决定槽宽的两个主要因素。当扫描速度比较快时，由于系统的振动将导致线条边缘的起伏或波动，平台的移动速度越大，激光光束的能量越低，这种现象越明显。因此在最大的平台平移速度下，减小激光的能量，获得高质量的线条边界的可能性也随之减小。要想得到高质量的槽形，必须使曝光强度和扫描速度相匹配，这也是实际应用中经常遇到的一个问题。

(6)轮廓深度与变形：激光直写技术最大的问题是不能精确地控制轮廓的深度。加工轮廓的深度与曝光强度、扫描速度、抗蚀剂材料、显影液配方和温度状态以及显影时间等多种因素有关，任何一个因素的改变都会引起轮廓深度误差，目前只能依赖于操作人员的经验和恒定的工作条件来控制深度误差。另外一个是连续轮廓器件共同面临的问题，由于抗蚀材料和基底的刻蚀速度不同会引起转移轮廓变形，从而降低了所制作光学元件的性能。

第3章　实验项目设计

3.1　实验模块组成说明

为保证机械设计制造及其自动化专业学生知识、能力与素质的全面均衡发展，本教材设计了“三个模块、两个层次”共9个实验，其中“三个模块”对应本专业的三个培养模块：现代设计、先进制造、智能机器人。“两个层次”是每个模块包括2个综合提高型实验和1个研究创新型实验。具体实验组成见表3-1。

模块一：现代设计方向包括机械传动方案优化综合检测实验、气压传动与PLC控制综合实验和逆向工程设计综合实验3个实验，其中前2个实验属于综合提高型实验，后1个实验属于研究创新型实验。

模块二：先进制造方向包括智能制造生产线综合实验、激光光刻直写实验和增材制造综合实验3个实验，其中前2个实验属于综合提高型实验，后1个实验属于研究创新型实验。

模块三：智能机器人方向包括工业机器人综合实验、移动机器人实验和多传感器融合人机协作综合实验3个实验，其中前2个实验属于综合提高型实验，后1个实验属于研究创新型实验。

学生按“2+1+1”的模式选择完成实验，即要求学生在自己的专业方向选择2个实验，在其他两个方向各选1个实验，共选择4个实验。4个实验中要选择3个综合提高型实验，在本课程的第一周完成；另外再选择1个研究创新型实验，在第二周完成。

表3-1　**实验组成**

实验类型	模块一 现代设计	模块二 先进制造	模块三 智能机器人
综合提高型实验	机械传动方案优化综合检测实验	智能制造生产线综合实验	工业机器人综合实验
	气压传动与PLC控制综合实验	激光光刻直写实验	移动机器人实验
研究创新型实验	逆向工程设计综合实验	增材制造综合实验	多传感器融合人机协作综合实验

3.2 模块一——现代设计方向综合实验

实验一 机械传动方案优化综合检测实验

1. 实验目的

(1)通过测试常见机械传动装置(如带传动、链传动、齿轮传动、蜗杆传动等)在传递运动与动力过程中的参数曲线(速度曲线、转矩曲线、传动比曲线、功率曲线及效率曲线等),加深对常见机械传动性能的认识和理解;

(2)通过测试由常见机械传动组成的不同传动系统的参数曲线,掌握机械传动合理布置的基本要求;

(3)通过实验认识智能化机械传动性能测试实验台的工作原理,掌握计算机辅助实验的新方法,培养进行综合性、设计性与创新性实验的实践能力。

2. 实验设备

(1)传动装置:齿轮减速器、摆线针轮减速器等;

(2)动力输入装置:变频电机;

(3)施加负载装置:磁粉制动器;

(4)控制器:西门子 PLC(CPU224XP);

(5)检测装置:扭矩传感器、转速传感器。

3. 实验原理

本实验台的组成如图 3-1 所示,其中变频调速、加载、扭矩、转速、启停等信号均由 PLC 测控,输入输出端的扭矩、转速由扭矩传感器检测后将信号传入 PLC 处理。同时实验台面板配备有人机界面,可以便捷地控制及显示实验数据。

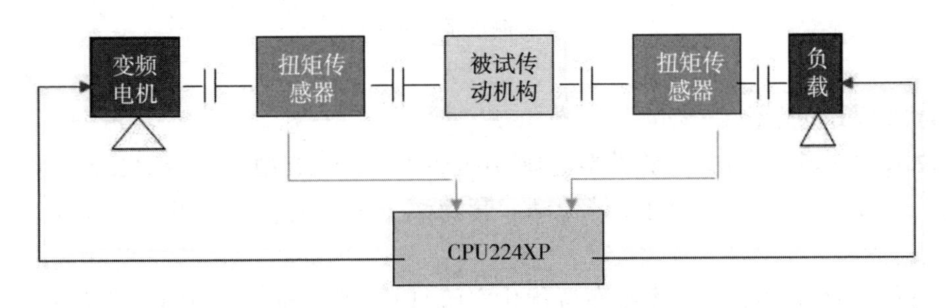

图 3-1 机械传动检测系统实验装置组成

实验台采用模块化结构,学生可通过对不同传动部件的选择、组合搭配、连接,构成链传动实验台、V 带传动实验台、同步带传动实验台等多种单级典型机械传动，及两级组合机械传动性能综合测试实验台。

机械系统的效率为输出功率与输入功率之比，可用公式表达为：

$$\eta = \frac{P_2}{P_1} = \frac{M_2 \omega_2}{M_1 \omega_1}$$

其中 P_1、M_1、ω_1 分别是输入功率、转矩和转速；P_2、M_2、ω_2 分别是输出功率、转矩和转速。

4. 实验步骤

(1)在实验装置的控制面板上打开电源开关。

(2)打开测试电脑，运行测试软件，点击“进入系统”。

(3)在图 3-2 所示的学号栏、姓名栏等中输入学号、姓名等信息，点击“注册信息”，然后点击“用户登录”。

图 3-2　测试系统登录页

(4)选择实验类型。

①如图 3-3 所示，在“实验类型选择”中选择实验 A(典型机械传动装置性能测试实验)时，可选择 V 带传动、同步带传动、套筒滚子链传动、圆柱齿轮减速器、蜗杆减速器。

②选择实验 B(组合传动系统布置优化实验)时，则要确定选用的典型机械传动装置及其组合布置方案，如表 3-2 所示。

③选择实验 C(新型机械传动性能测试实验)时，为摆线针轮减速器传动。

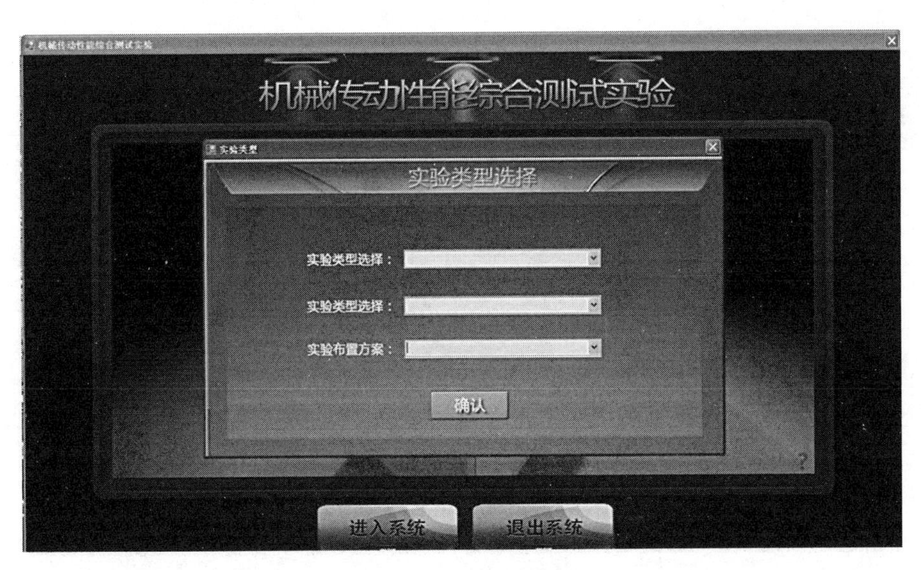

图 3-3 实验类型选择

表 3-2 实验类型说明

编 号	组合布置方案 A	组合布置方案 B
实验内容 B1	V 带传动-齿轮减速器	齿轮减速器-V 带传动
实验内容 B2	同步带传动-齿轮减速器	齿轮减速器-同步带传动
实验内容 B3	链传动-齿轮减速器	齿轮减速器-链传动
实验内容 B4	带传动-蜗杆减速器	蜗杆减速器-带传动
实验内容 B5	链传动-蜗杆减速器	蜗杆减速器-链传动
实验内容 B6	V 带传动-链传动	链传动- V 带传动
实验内容 B7	V 带传动-摆线针轮减速器	摆线针轮减速器- V 带传动
实验内容 B8	链传动-摆线针轮减速器	摆线针轮减速器-链传动

(5)三项选择完成后点击“确认”进入测试界面，如图 3-4 所示。

(6)设置通信串口(注意：PLC 黄色通信线必须连接正常)。

①首先查看串口通信端口。

a. 在测试电脑桌面找到“我的电脑”，点击鼠标右键。

b. 选择“管理”。

c. 选择“设备管理器”，在图 3-5 所示的设备管理器中找到“端口”项，点击展开，观察 USB-SERIAL CH340(COM＊)中括号内的串口通信端口号，后续实验装置的串口设置必须设置为该端口号。

②串口设置。

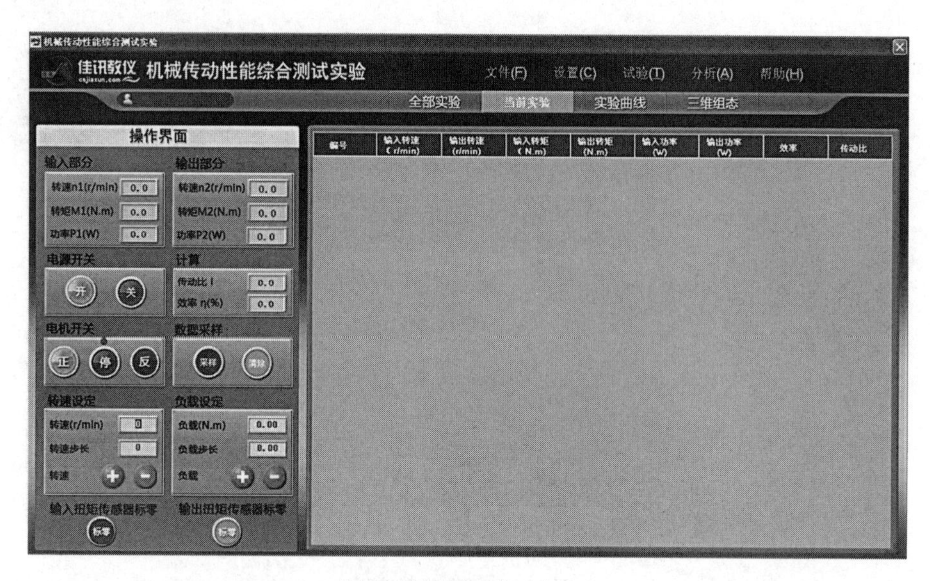

图 3-4　测试系统主界面

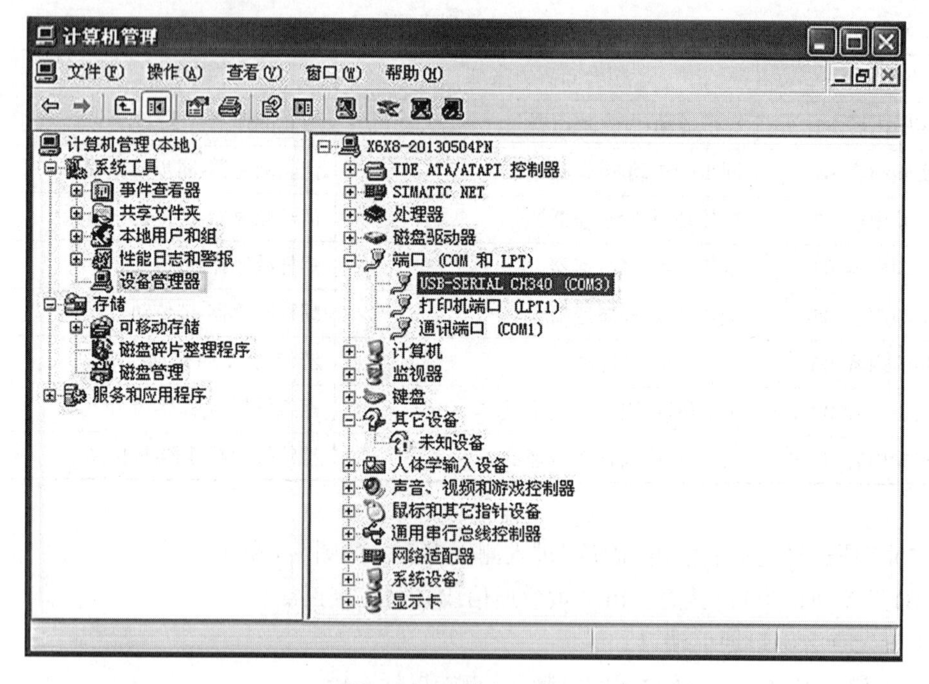

图 3-5　PC 端串口设置

a. 回到测试软件中。

b. 找到“设置”中的“串口参数”点击选择，如图 3-6 所示。

c. 在串口参数中选择先前查找到的串口端口号，串口波特率为 9600bps。单击“确

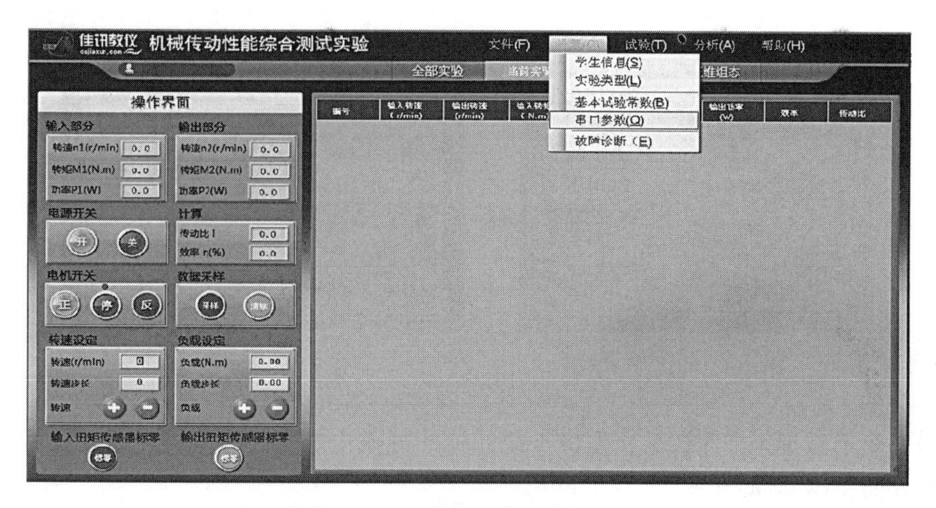

图 3-6　测试软件中串口参数设置

认”，串口设置完成。

(7)串口设置完成后，观察输入输出数据是否在零位，如不为零，须对测试设备进行调零，点击测试软件界面“输入扭矩传感器标零”“输出扭矩传感器标零”，将设备标零。(注意：标零时电机必须在停止状态)

(8)在测试软件界面打开“电源开关”，等待 5~10s 后再打开“电机开关”，使电机正转或反转。

(9)在图 3-7 所示的转速设置栏里设置不同转速(一般转速设定在 1000~1400r/min)。

图 3-7　转速设定

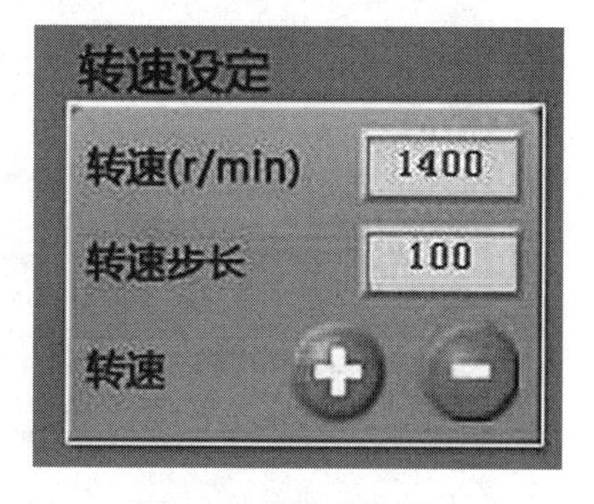

图 3-8　数据采样按钮

(10)当输入转速稳定在设定值后，在零负载时在图 3-8 所示的数据采样栏，点击“采样”按钮采样一次，如要清除采样数据，点击“清除”，将删除所有采样数据。

(11)采样完成后通过图 3-9 所示的加载栏“+”“-”来增减负载，通过分级加载，分级采样，采集 10 组左右数据即可；操作者可通过图 3-10 所示输出栏的输出扭矩来判断加载值达到与否，待数据显示稳定后，即可进行数据采样。

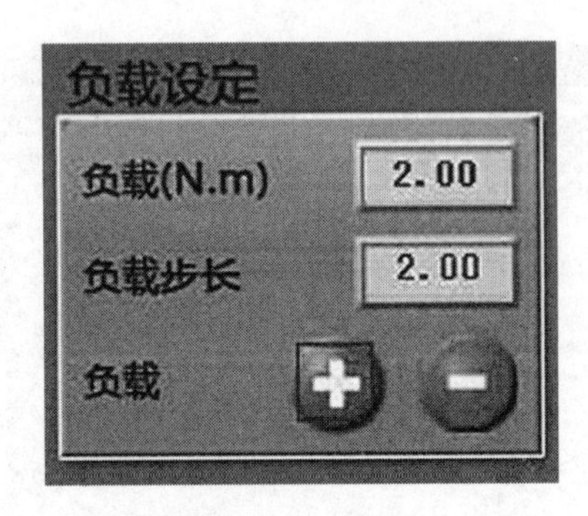

图 3-9　负载设定

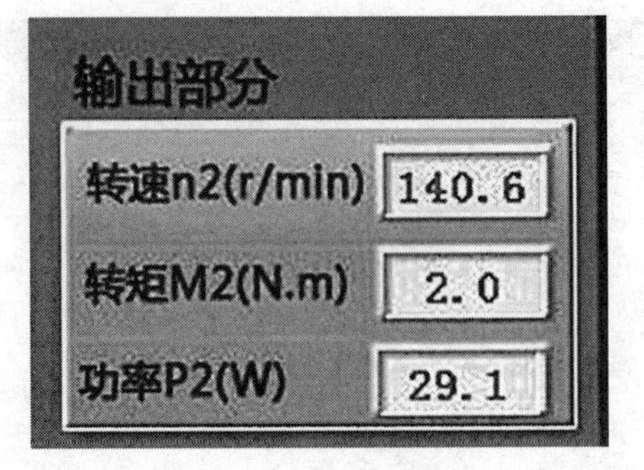

图 3-10　输出显示

(12)所有数据采样完成后，先将负载卸掉，再停止电机，待电机完全停止后，在测试软件界面关掉“电源开关”。

(13)数据记录。

①在测试软件主界面选择“当前实验”，查看采集的几组数据(如图 3-11 所示)。

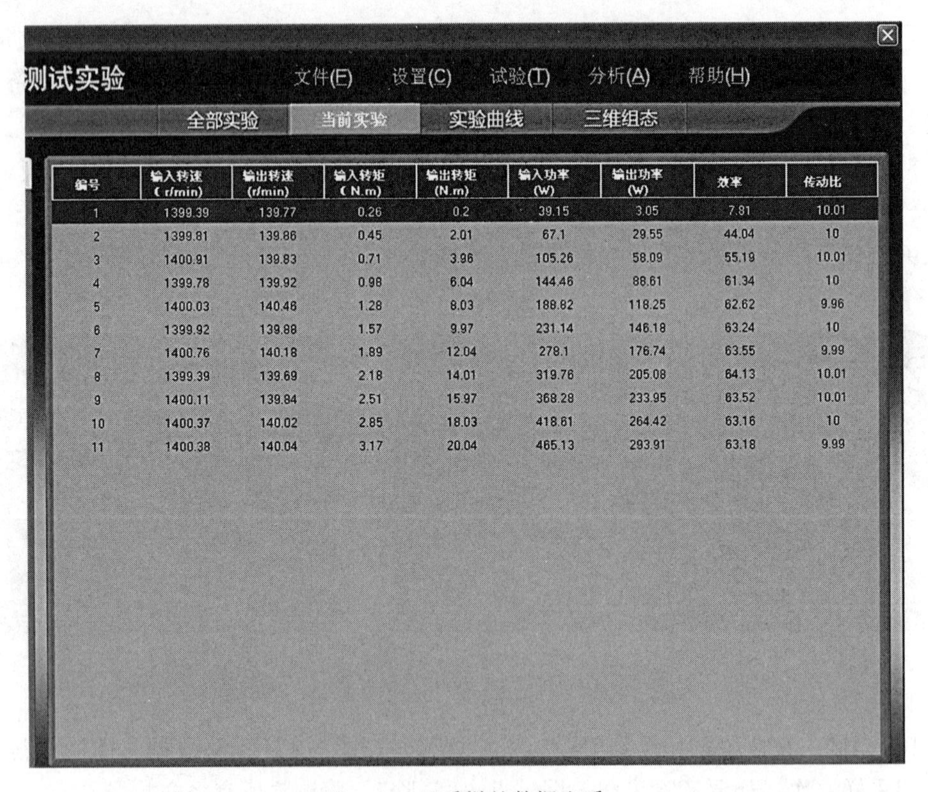

编号	输入转速(r/min)	输出转速(r/min)	输入转矩(N.m)	输出转矩(N.m)	输入功率(W)	输出功率(W)	效率	传动比
1	1399.39	139.77	0.26	0.2	39.15	3.05	7.81	10.01
2	1399.81	139.86	0.45	2.01	67.1	29.55	44.04	10
3	1400.91	139.83	0.71	3.96	105.26	58.09	55.19	10.01
4	1399.78	139.92	0.98	6.04	144.46	88.61	61.34	10
5	1400.03	140.46	1.28	8.03	188.82	118.25	62.62	9.96
6	1399.92	139.88	1.57	9.97	231.14	146.18	63.24	10
7	1400.76	140.18	1.89	12.04	278.1	176.74	63.55	9.99
8	1399.39	139.69	2.18	14.01	319.76	205.08	64.13	10.01
9	1400.11	139.84	2.51	15.97	368.28	233.95	63.52	10.01
10	1400.37	140.02	2.85	18.03	418.61	264.42	63.16	10
11	1400.38	140.04	3.17	20.04	465.13	293.91	63.18	9.99

图 3-11　已采样的数据查看

②在测试软件主界面选择“实验曲线”，查看实验曲线(如图 3-12 所示)。

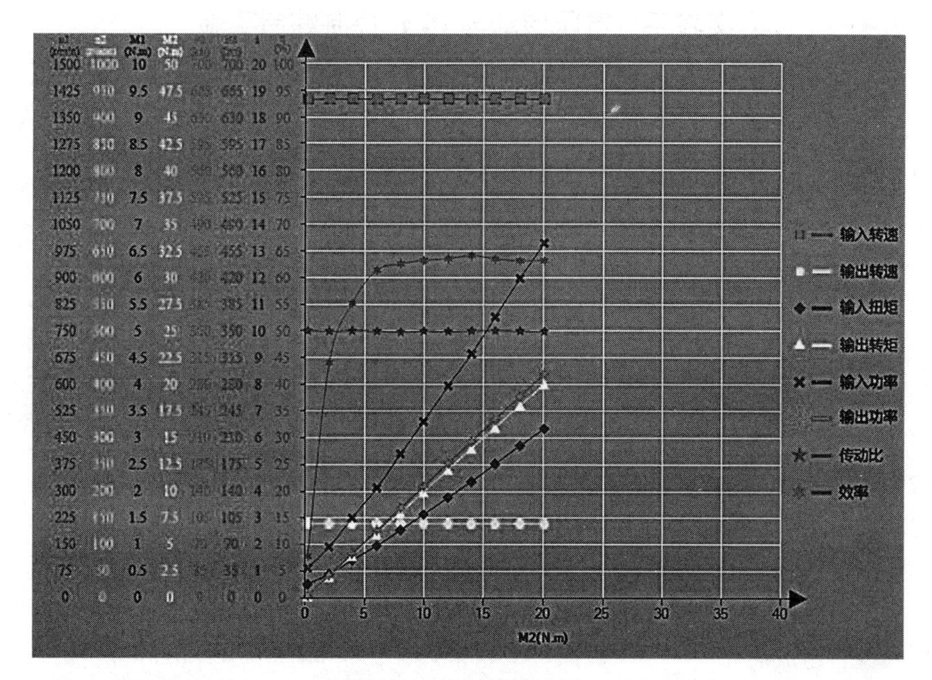

图 3-12 实验曲线查看

③在测试软件主界面选择“分析”，点击“实验报告”，将自动生成实验报告。

④然后在 Excel、PDF、Word 三种格式中选择任意一种形式导出。

(14)在实验装置的控制面板上关闭电源开关，试验台整理归位，实验完成。

5. 实验记录

(1)记录实验得到的输入输出转速、转矩。

(2)打印该传动装置的机械传动效率曲线。

6. 思考题

(1)说明机械传动效率的检测方法。

(2)根据实验，分析传动效率与哪些因素有关。

(3)如何提高机械传动系统的效率?

7. 实验报告撰写要求

学生完成实验后应提交实验报告，实验报告内容应包括实验目的、实验设备、实验内容、实验步骤、实验记录和思考题。

实验二　气压传动与 PLC 控制综合实验

1. 实验目的

(1)了解气压传动与 PLC 控制系统的组成与工作原理。

(2)熟悉常用的气压传动元器件、接近开关、步进电机及 PLC 的工作原理及接线方法。

(3)掌握可编程控制器的梯形图编程方法。

2. 实验设备

(1)RCQCS 单面气压传动综合实验台。

(2)三菱 FX2N-48MT 可编程控制器。

(3)三菱专用通信接口线。

3. 实验原理

1)实验台组成简介

气动控制实验台主要包括气动执行机构工作台(见图 3-13)、PLC 控制器及输入输出接口单元(见图 3-14)、电磁阀等。气动执行机构工作台包括机械手的开闭与旋转机构、升降机构和自动运输传送机构，以及回转送料机构，还有检测机械手位置上下限的接近开关。除了升降机构采用步进电机带动螺纹传动外，其他部分都采用气缸来驱动运行。

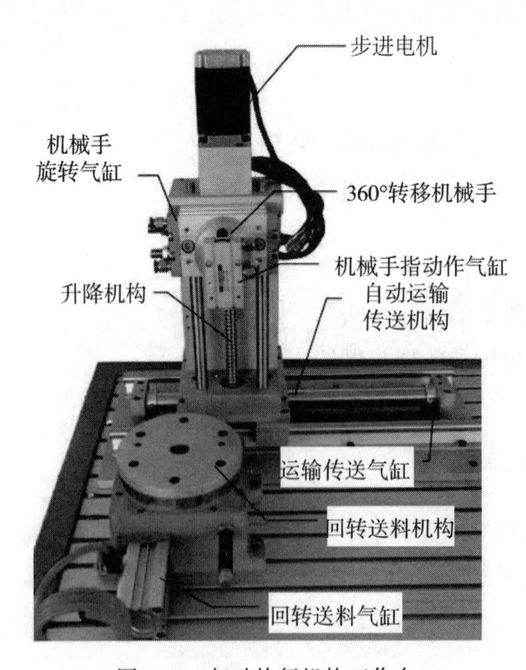

图 3-13　气动执行机构工作台

实验台控制面板上主要包括以下几个模块，次要的此处略。

(1)可编程控制器模块。

可编程控制器型号为三菱 FX2N-48MT。工作时用数据线将 PLC 与电脑连接，通过电脑编写控制语句或梯形图向 PLC 发出指令，实现自动控制。使用时需将 PLC 电源拨动开关拨到向上的位置。图 3-14 中所示的 PLC 上部接输入端子，COM 端接 24V-，输入端接按钮、接近开关、压力继电器或磁开关。PLC 下部接输出端子，COM 端接 24V-，输出端接电磁阀两端或继电器线圈的“-”端。

(2)中间继电器模块。

该模块提供四个中间继电器，输入端为直流 24V，每组继电器分别提供了 4 组常开及常闭触点，工作时将康尼线两端分别接入实验电路，如图 3-15 所示。

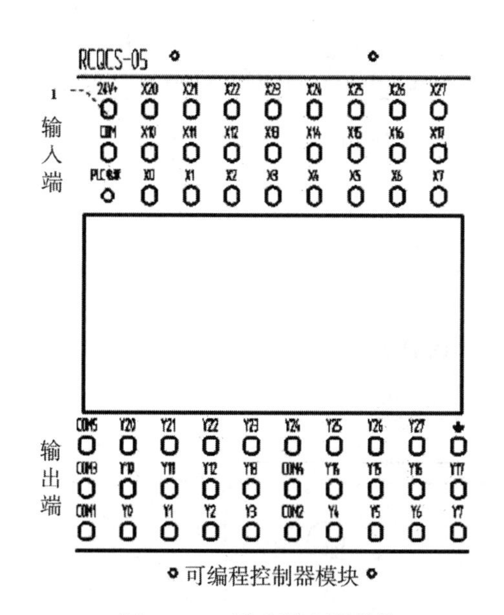

图 3-14　可编程控制器模块

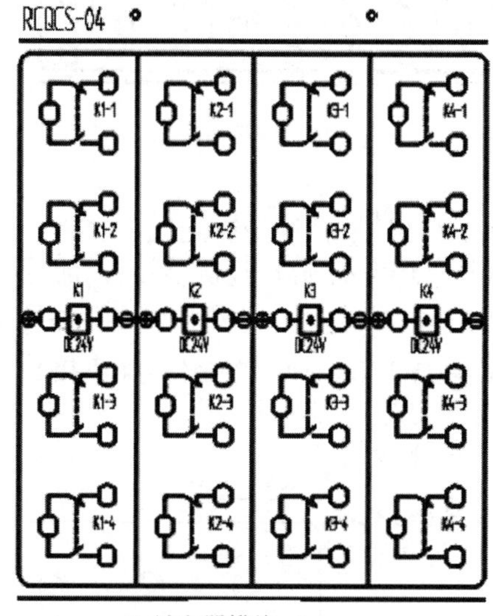

图 3-15　继电器模块

(3)按钮模块。

按钮模块提供了 12 个按钮，每个按钮提供常开、常闭两种控制方式，工作时将康尼线两端分别连入实验电路，如图 3-16 所示。

(4)综合控制模块。

①接近开关控制区：如图 3-17 所示，其上部为接近开关的四芯信号输入端口，24V+和 24V-接在直流 24V 电源上，四芯插头下方左边的康尼插头是接近开关的信号输出端，接到相对应的 PLC 输入点(输出是 24V-信号)。

②电磁铁两芯端口：图 3-17 的下部为电磁铁接线端口。工作时将电磁铁两芯信号插头插入两芯信号端口。康尼插头 1 接继电器或 PLC 的输出信号，康尼插头 2 接 24V-。

RCYA-02
SB1
SB2
SB3
SB4
SB5
SB6
SB7
SB8
2
SB9
SB10
SB11
SB12

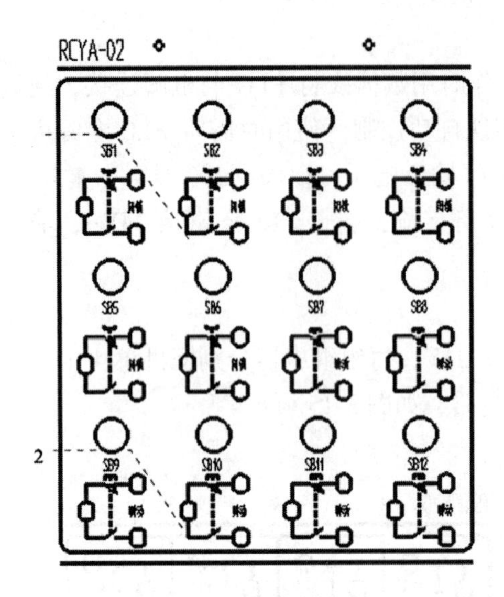

图 3-16　按钮模块图

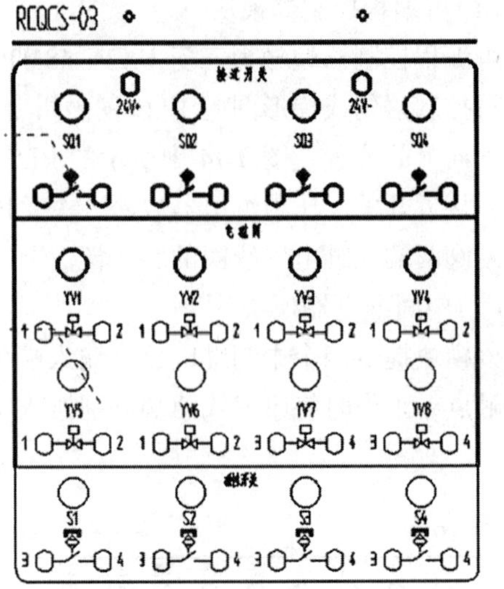

RCQCS-03
24V+
24V-
SQ1
SQ2
SQ3
SQ4
YV1
YV2
YV3
YV4
YV5
YV6
YV7
YV8
S1
S2
S3
S4

图 3-17　综合控制模块

(5)步进电机接口模块。

①PU+与 PU-：脉冲控制信号(只能接 DC5V)；

②DR+与 DR-：方向控制信号(只能接 DC5V)；

③EN+与 EN-：使能控制信号(不接)，如图 3-18 所示。

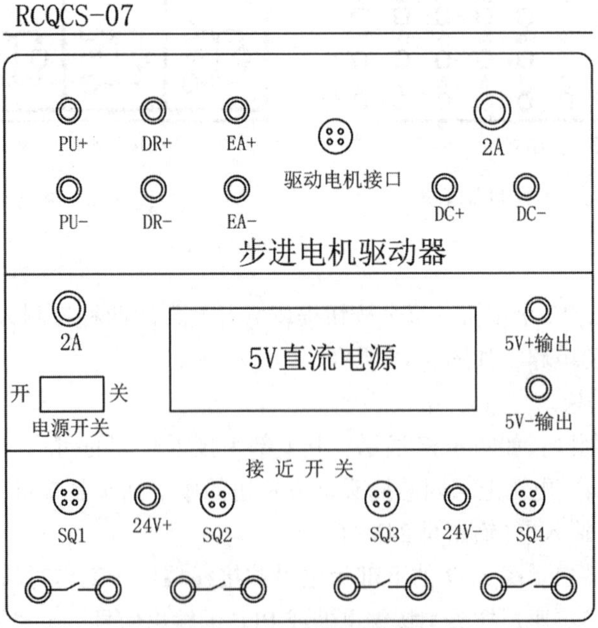

RCQCS-07
PU+
DR+
EA+
2A
PU-
DR-
EA-
驱动电机接口
DC+
DC-
步进电机驱动器
2A
5V直流电源
5V+输出
开
关
电源开关
5V-输出
接 近 开 关
SQ1
24V+
SQ2
SQ3
24V-
SQ4

图 3-18　步进电机接口模块

2)气动执行系统控制要求及气动控制回路组成

(1)气动执行系统工作流程及控制要求。

①工作流程：当回转送料机构转动到指定位置，升降机构带动机械手下降并抓取物料，并等待2s时间；然后机械手上升到指定位置，传送物料到另一个位置，机械手下降并释放物料，再等待2s时间；机械手再上升返回到初始位置，等待抓取下一个物料。

②控制要求：每一个环节都动作准确、运行平稳，不能漏掉某个环节。PLC可以控制步进电机带动螺纹传动驱动机械手上下运行；机械手上升、下降的限位可以检测，不能运行到极限位置之外。

(2)气动控制回路。

输送执行机构、机械手抓取与旋转机构、回转送料机构的气动控制回路如图3-19所示，包括机械手左右移动气缸、旋转气缸、抓取手指气缸及送料工作台气缸和机械手升降机构。这些气缸采用相应的电磁阀进行换向控制。

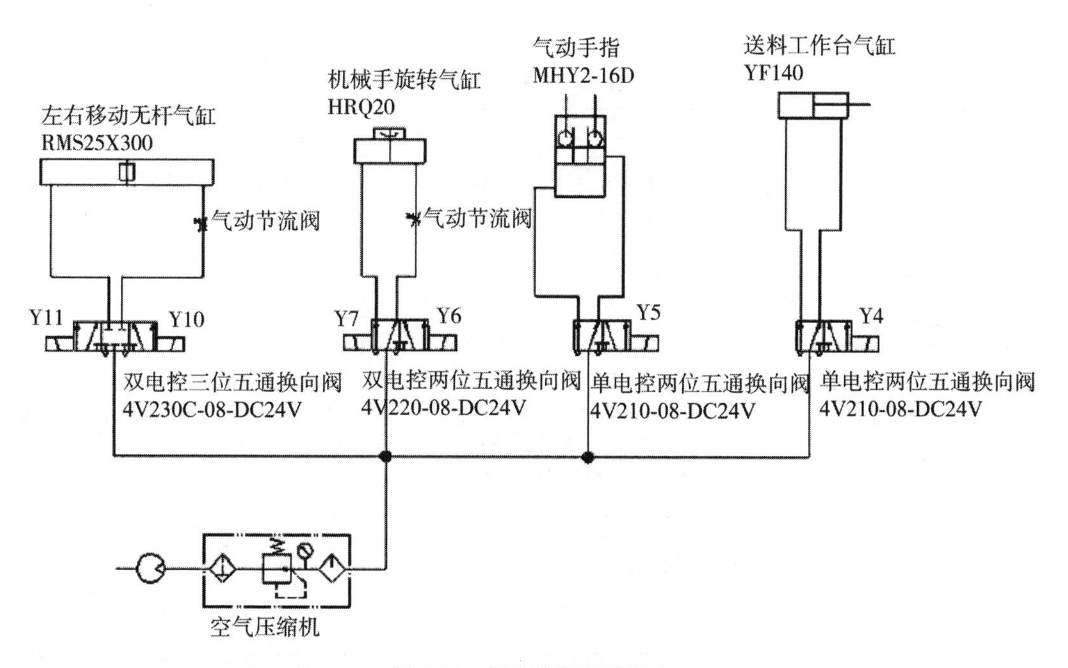

图3-19 气动控制回路组成

3)步进电机驱动器接线方法

步进电机工作原理如图3-20所示，其各端子的意义如表3-3所示。步进驱动器采用差分式接口电路，采用共阳极接线方法，即PU+、DR+和EN+接电源正极VCC，负极接PLC控制信号。该驱动器与PLC的完整接口方法如图3-21所示。

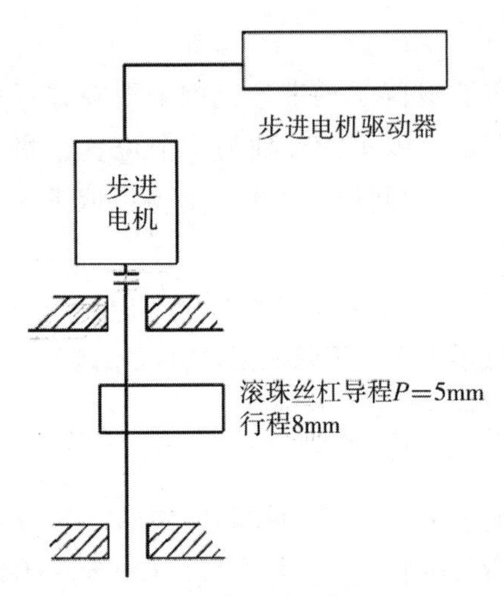

(a)步进电机升降机构图

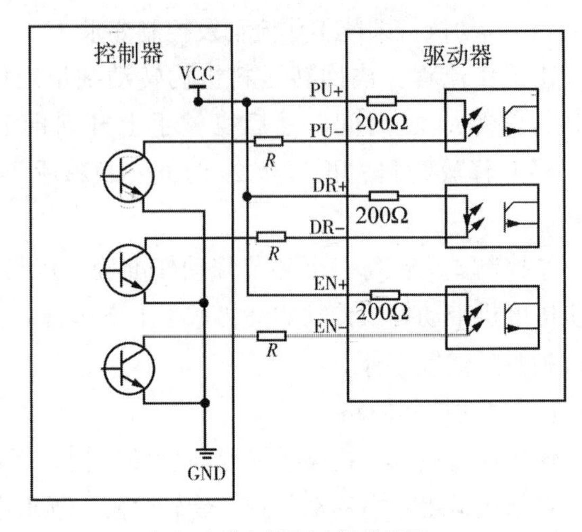

(b)步进电机驱动器接线图

图3-20 步进电机工作原理

表3-3 **步进电机功能信号说明**

信号	功能	说明
DR+	方向控制信号	高/低电平状态，要求：低电平0~0.5V，高电平4~5V，对应电机的两个方向。电机的初始运行方向取决于电机的接线，互换任意一组可以改变电机的初始运行方向
DR-		
PU+	脉冲控制信号	上升沿有效，每次脉冲信号由低变高时，电机运行一步，要求：低电平0~0.5V，高电平4~5V，脉冲宽度≥1.5μs
PU-		
EN+	使能控制信号	用于使能/释放电机，EN+接+5V，EN-接地，驱动器将切断电机各相电流而处于自由状态，此时，驱动器和电机的温升和发热将降低。不用此功能时，使该信号端悬空即可
EN-		
DC-	直流电源地端	供电电源地端
DC+	直流电源正端	供电电源正端，单相直流电源24~45V DC的任意值均可，推荐值36VDC
B-	B相绕组	电机B相绕组线圈
B+		
A-	A相绕组	电机A相绕组线圈
A+		

4)PLC 输入输出接法

(1)PLC 输入接线原理。

PLC 输入接线原理如图 3-22 所示，对于按钮来说，其一端接 PLC 的 X0、X1 等输入端子，另一端接 PLC 输入端的 COM 端子。对于 3 线式接近开关(或光电开关)来说，负极接 COM，正极接 24V+，另一个检测端接 PLC 的输入端子。

(2)接近开关接法。

接近开关具体接法如图 3-23 所示，通过康尼连线从主电源面板引“24V+”到综合控制面板的“24V+”上，引“24V-”到控制面板的“24V-”上，“SQ1”上插入接近开关的四芯信号输入端口。四芯插头下方左边的康尼插头是接近开关的信号输出端，接到相对应的 PLC 输入点(输出是 24V-信号)。当接近开关感应到金属物时，会有输出信号。

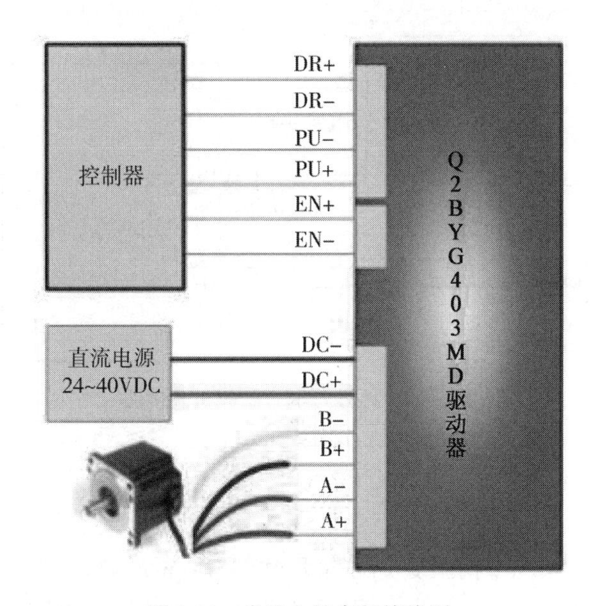

图 3-21　步进电机完整接线图

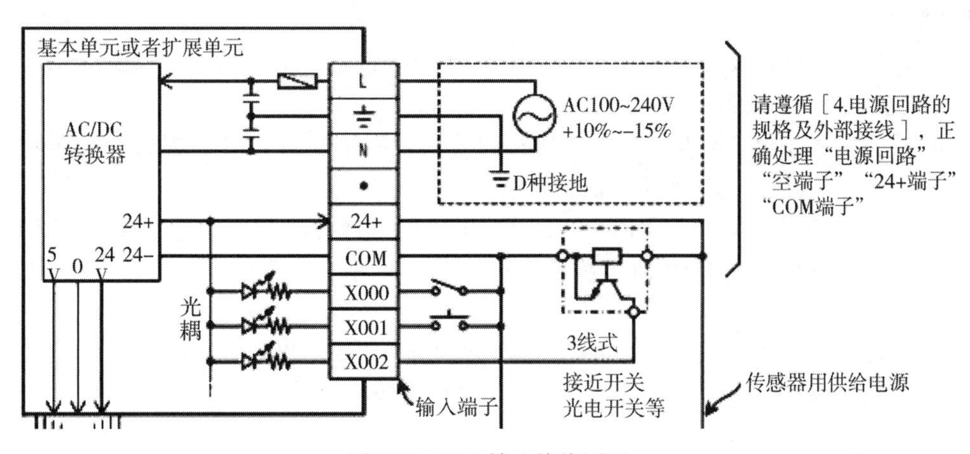

图 3-22　PLC 输入接线原理

(3)PLC 输出接线原理。

PLC 与电磁阀等输出负载的接线原理如图 3-24 所示。

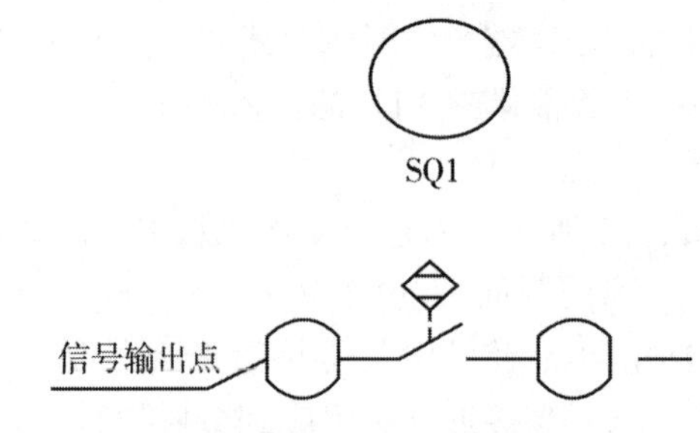

图 3-23　面板上接近开关接法

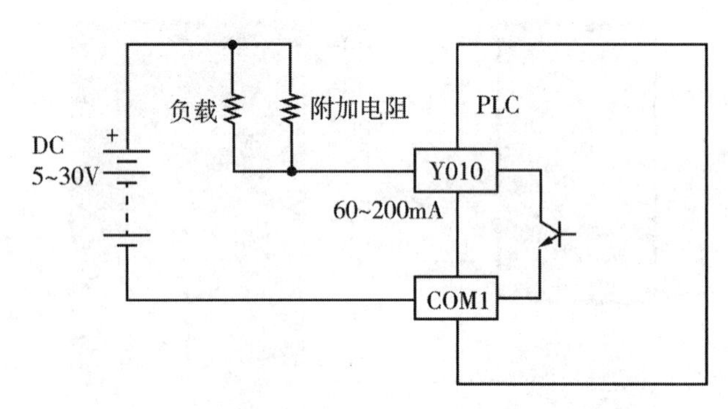

图 3-24　PLC 与电磁阀等负载接法

4. 实验步骤

(1)在实验之前，熟练掌握三菱 PLC 编程软件 GX-Works2。

(2)根据实验台控制要求和运行流程，给出 PLC 硬件组成方案设计，包括 PLC 输入输出接口分配，输入和输出接口设计包括开关按钮、接近开关的输入接线，电磁阀和步进电机的输出接线。

(3)根据上述硬件设计，连接 PLC 与输入部分的接近开关、按钮，以及 PLC 与输出部分的步进电机、电磁阀。

(4)根据输入输出分配及实验台工作流程要求，利用三菱 PLC 编程软件 GX-Works2，用自带的笔记本电脑，设计实验台控制程序。

(5)用专用的通信线缆连接 PLC 与编程电脑，将编译好的 PLC 程序下载到 PLC 中。

(6)将 PLC 的运行键打到 RUN 模式，执行 PLC 程序，检查实验台的工作是否按照预定的流程进行。

(7)若没有，修改 PLC 程序，重复(5)、(6)两个步骤，直到完成目的。

(8)实验完成，关闭工作台电源和空气压缩机电源。

5. 实验记录

整理实验中PLC上所编制的程序，并附上程序注释，记录在实验报告的实验记录一栏上。

6. 思考题

(1)给出PLC接线图设计方案，并说明PLC采用哪两个输出端子连接步进电机。为什么要用这两个端子？

(2)给出该气压传动系统PLC的输入输出接口分配表，并说明每一个输入输出端子的接线意义。

(3)编制PLC梯形图控制程序，说明驱动步进电机运行的指令是哪一条。其指令中各位含义都是什么？

实验三　逆向工程设计综合实验

1. 实验目的

(1)了解三维扫描仪的基本原理。

(2)熟悉逆向工程设计的基本流程。

(3)掌握三维激光扫描仪用法，熟悉点云处理基本操作。

2. 实验设备

(1)HSCAN331激光扫描仪一套(如图3-25所示)。

(2)机械零件一个。

(3)PC机一台。

3. 实验原理

逆向工程(又称逆向技术)，是一种产品设计技术再现过程，即对一项目标产品进行逆向分析及研究，从而演绎并得出该产品的处理流程、组织结构、功能特性及技术规格等设计要素，以制作出功能相近，但又不完全一样的产品。逆向工程源于商业及军事领域中的硬件分析，其主要目的是在不能轻易获得必要的生产信息的情况下，直接从成品分析，推导出产品的设计原理。

根据测量方式的不同，可分类为接触式(contact)与非接触式(non-contact)两种，后者又可分为主动扫描(active)与被动扫描(passive)两种。接触式三维扫描仪透过实际触碰物体表面的方式计算深度，如坐标测量机(Coordinate Measuring Machine，CMM)即典型的接触式三维扫描仪。此方法相当精确，常被用于工程制造产业，然而因其在扫描过程中必须接触物体，被测物有遭到探针破坏损毁之可能。相较于其他方法，接触式扫描需要较长的时间，现今最快的坐标测量机每秒能完成数百次测量，而光学技术如激光扫描仪运作频率则高达每秒一万至五百万次。

非接触主动式扫描是指将额外的能量投射至物体，借由能量的反射来计算三维空间信息。常见的投射能量有一般的可见光、高能光束、超音波与X射线。其测距原理有时差测距(Time of Flight)和三角形测距等方法。手持激光扫描仪通过三角形测距法建构出三维图形，通过手持式设备，对待测物发射出激光光点或线性激光。以两个或两个以上的探测器(CCD组件或位置感测组件)测量待测物的表面到手持激光产品的距离，通常还需要借助特定标记点——通常是具黏性、可反射的贴片——用来当作扫描仪在空间中定位及校准使用。这些扫描仪获得的数据，会被导入电脑中，并由软件转换成三维模型。手持式激光扫描仪通常还会综合被动式扫描(可见光)获得的数据(如待测物的结构、色彩分布)，建构出更完整的待测物三维模型。

逆向设计或反求设计就是利用三维扫描仪对产品实物样件表面(如图3-26所示)进行数字化处理(数据采集、数据处理)，并利用可实现逆向三维造型设计的软件来重新构造实物的三维模型(曲面模型重构)，并进一步用CAD/CAE/CAM系统实现分析、再设计，以便将模型用于指导产品制造的过程。

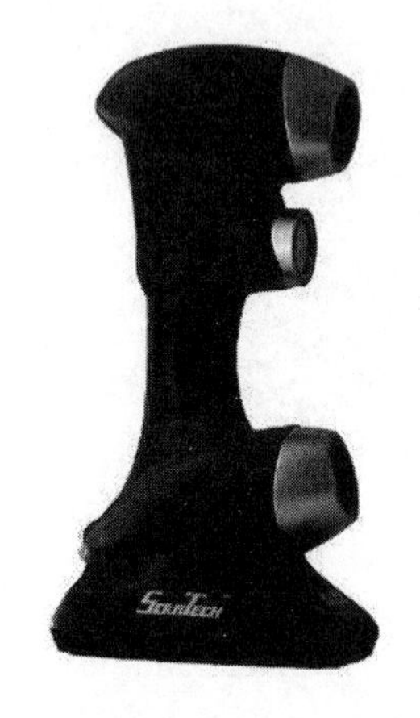

图3-25　HSCAN331激光扫描仪

图3-26　三维扫描

本实验所用激光扫描仪采用多条线束激光来获取物体表面的三维点云(如图3-27所示)。

(1)仪器上的两组相机可以分别获得投影到被扫描对象上的激光，该激光随对象形状发生变形，由于这两组相机事先经过准确标定，就可以通过计算获得激光线所投影的线状三维信息；

(2)仪器根据固定在被检测物体表面的视觉标记点来确定扫描仪在扫描过程中的空间位置，这些空间位置被用于空间位置转换；

(3)利用第(1)步获得的线状三维信息和第(2)步的扫描仪空间相对位置，当扫描仪移动时，不断获取激光所经过位置的三维信息，从而形成连续的三维数据。

4. 实验步骤

(1)将待扫描零件放置在工作台上。

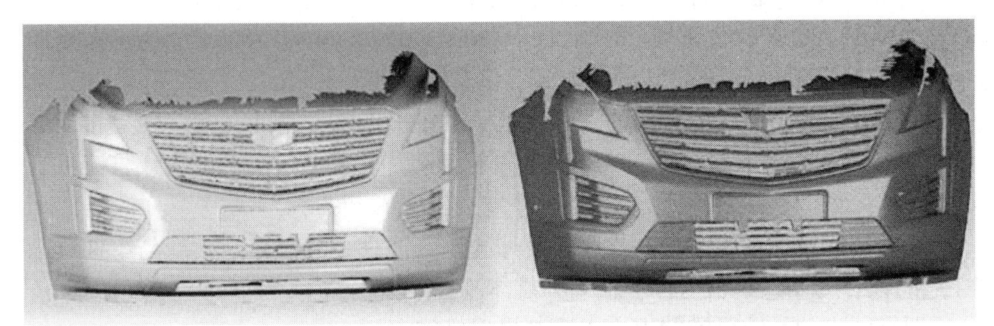

图 3-27　扫描后得到的点云图以及最终处理得到的 STL 数据

(2)在零件表面粘贴反光标记点。

(3)打开配套软件“三维扫描”模块。

(4)手持扫描仪围绕零件移动，对零件进行全方位扫描。

(5)扫描结束，打开配套软件“数据处理”模块，对扫描得到的点云数据进行点云选取、删除、去除体外孤立点、平滑滤波和特征拼接等操作。

5. 思考题

(1)观察扫描得到的三维模型，模型表面扫描质量有什么差异？哪些部位质量好，哪些部位质量差？是什么原因造成的？

(2)为什么要对扫描得到的点云数据进行后处理？

(3)扫描得到的点云模型与 SolidWorks 中的三维模型有什么区别？

(4)在零件表面粘贴反光标志点的作用是什么？

6. 实验报告撰写要求

学生完成实验后应提交实验报告，实验报告内容应包括实验目的、实验设备、实验内容、实验步骤、实验记录和思考题。

3.3　模块二——先进制造方向综合实验

实验一　智能制造生产线综合实验

1. 实验目的

(1)了解智能制造系统的一般组成与工作原理。

(2)了解智能制造系统中数字化设计、工艺设计、加工仿真、生产准备、智能生产制造等一系列流程一体化数据的融合机理。

(3)了解智能制造系统的软件功能层中，企业资源计划系统(Enterprise Resource Planning，ERP)、制造执行系统(Manufacturing Execution System，MES)、全生命周期管理(Product Lifecycle Management，PLM)、数字化仓储管理等系统的工作原理。

(4)熟悉智能制造系统中常用的硬件系统、数控机床、工业机器人、AGV自动导向小车、立体车库、装配检测工作站、RFID(电子标签)识别系统、数字化信息监控系统等的工作原理。

(5)掌握智能制造系统中个性化产品设计与制造原理，并以自定义产品零件或已有的定制化产品设计与制造过程为例，掌握其具体流程。

(6)训练学生的系统思维能力，实践逻辑思维能力。

2. 实验设备

1)硬件部分

(1)智能立体仓储系统。

(2)AGV小车及接货平台。

(3)ABB六自由度工业机器人系统。

(4)JT36高精度斜床身数控车床。

(5)VMC650三轴数控加工中心。

(6)高速铣雕中心。

(7)装配与检测组合工作站。

(8)RFID(电子标签)识别装置。

(9)工位电子看板。

(10)数字化信息中控中心。

2)软件部分

(1)企业资源计划管理软件(ERP)。

(2)制造执行系统(MES)。

(3)数控机床DNC数字控制软件。

(4)数控机床MDC数据采集和设备监控分析管理软件。

3. 实验原理

1)智能制造系统组成

智能制造系统由立体仓库、数控车床、工业机器人+夹具库+移动滑轨、数控加工中心、高速铣床、检测装配组合站、AGV小车、数字化信息中控中心等硬件设备，以及服务器、工业交换机、监控系统、工位电子看板等辅助硬件组成，如图3-28和图3-29所示。智能制造系统的设备网络架构图如图3-30所示，由该图可知，该系统通过有线或无线通信设备将服务器、生产系统、监控系统、工位电子看板等设备连为一体，并通过互联网和云端技术与远程终端或设备实现互联，可实现远程发送订单与订单状态远程监测等。

智能制造系统的软件架构图如图3-31所示，由该图可知，系统软件框架分为云端服务层、管理层和执行层三个部分，其中云端服务层主要实现用户个性化订单接收、订单内

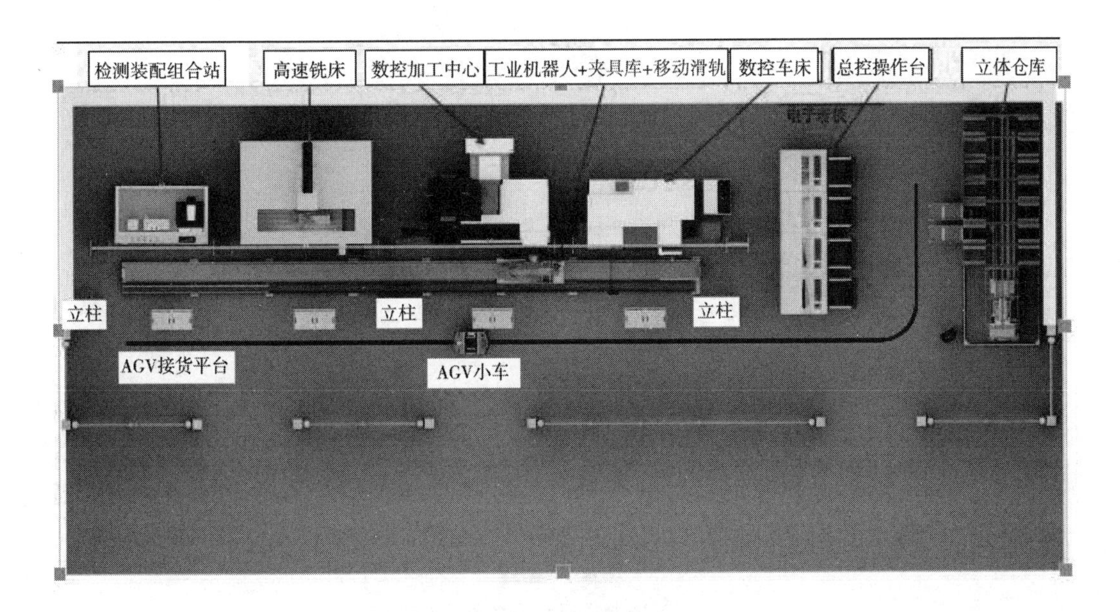

图 3-28 智能制造系统组成

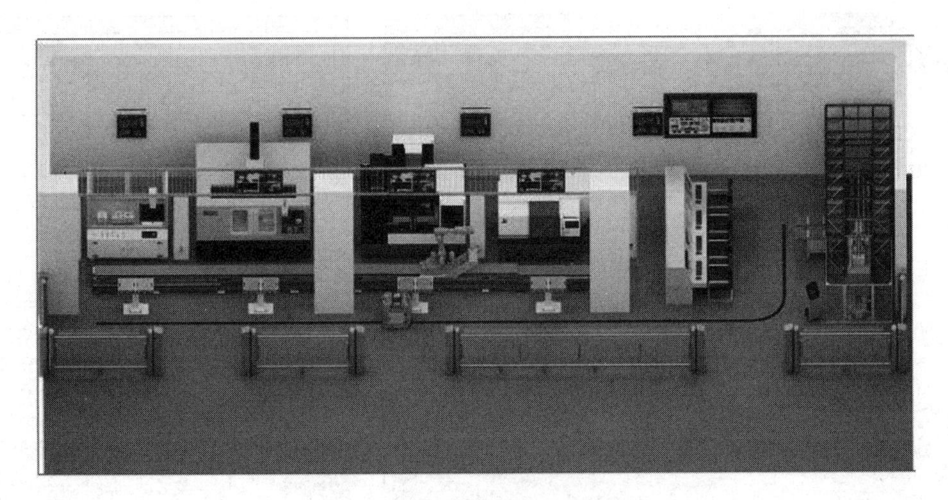

图 3-29 智能制造系统 3D 布局图

容处理、工艺路径形成并进行编码等功能；管理层是 ERP 和 MES 的结合产物，能够通过网络在云端获取订单，能够结合生产线生产资源状态下发订单，并实时获取和上传订单状态；执行层通过与管理层之间的通信，以 RFID 读写器为感知节点，实现生产线的自组织生产运作。

2)智能制造系统工作流程

智能制造系统的工作流程按照功能可分为用户个性化定制流程、产品设计和加工流程、系统物料工作流程三部分。

(1)用户个性化定制流程。

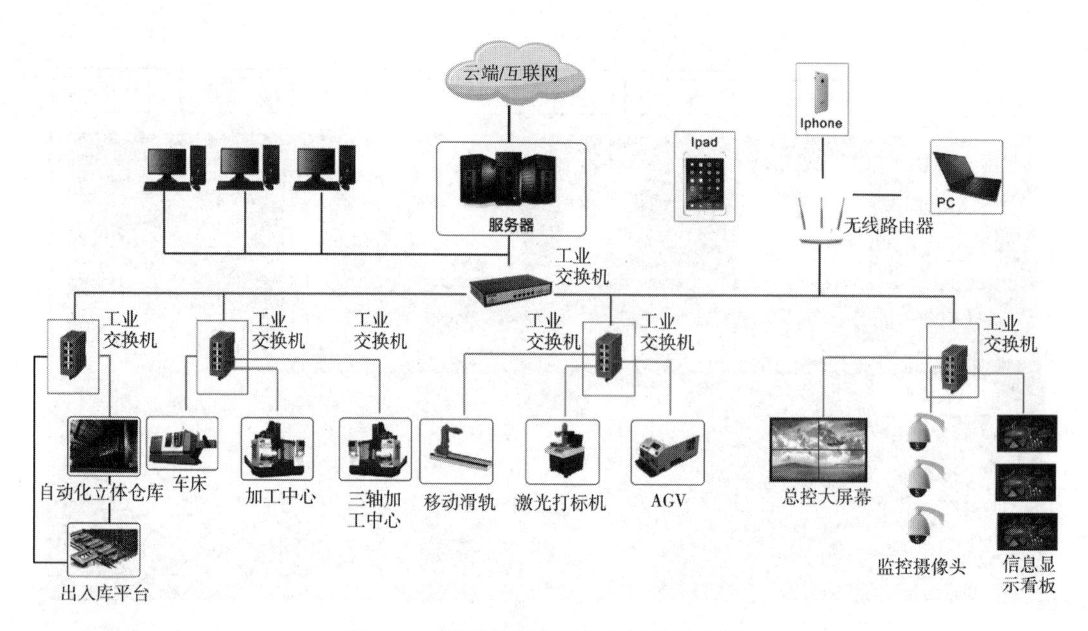

图 3-30　智能制造系统设备网络架构图

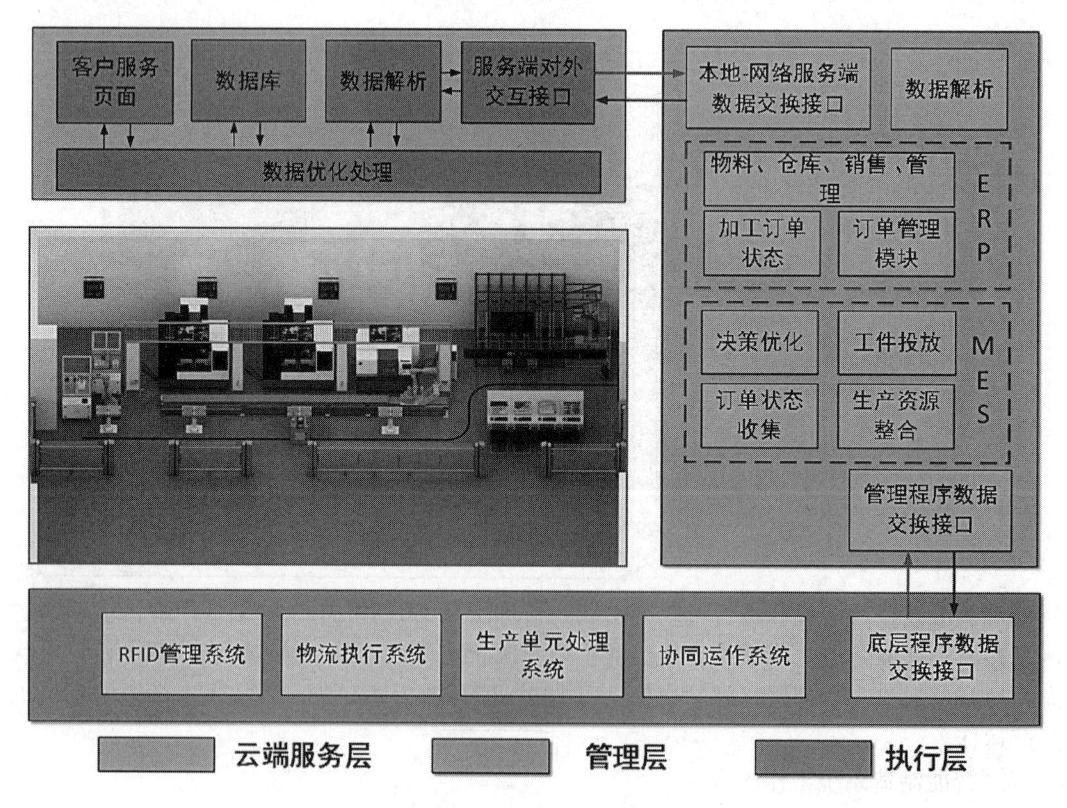

图 3-31　系统软件架构图

个性化定制流程如图 3-32 所示，由图可知，通过 B/S 模式，客户完成订单下达，服务端进行信息处理并存入数据库，通过 HTTP 协议，服务端与生产系统进行数据交换，完成订单下达的同时获取已加工订单的状态信息。

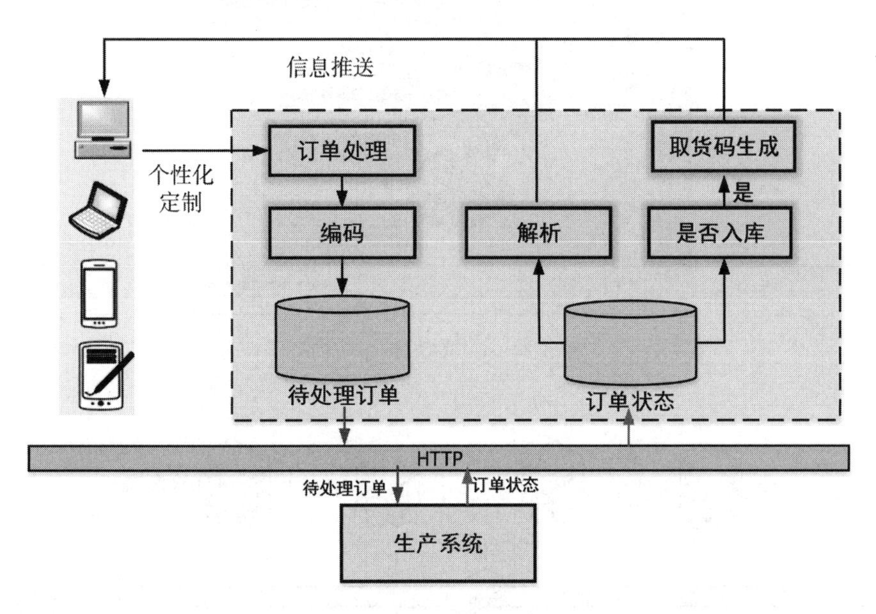

图 3-32 用户个性化定制流程

(2)产品设计和加工流程。

系统分为个性化设计与定制化加工两个过程，其具体流程是：首先通过三维设计软件对零件进行特征化造型设计，如图 3-33 所示；然后通过 CAM 软件，按照制造系统现场条件生成加工代码，如图 3-34 所示；再通过 DNC 软件将数控机床 NC 代码上传至服务器，由服务器 ERP 系统进行生产任务订单下达(移动智能终端可以实时查看)，如图 3-35 所示；最后立体仓库准备已有的标准原材料，并通过 MES 系统进行原材料 RFID 属性及加工

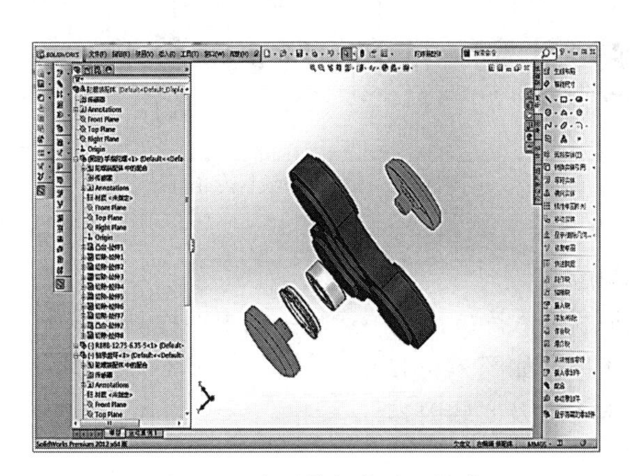

图 3-33 产品特征化造型设计

属性格式化定义、生产加工、组装及入库等工作(现场执行加工，全程自动化完成)。

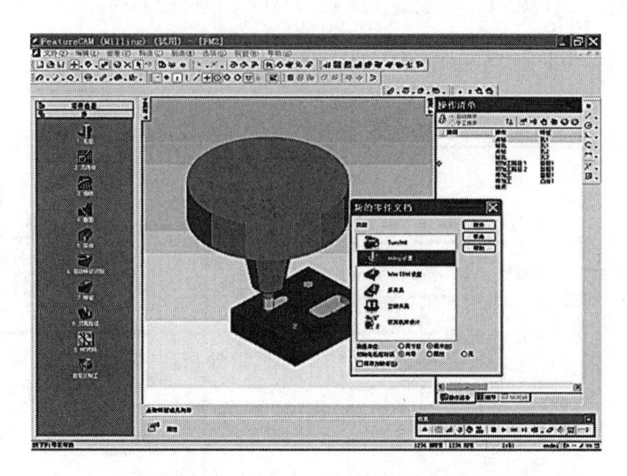

图 3-34　CAM 数控代码生成

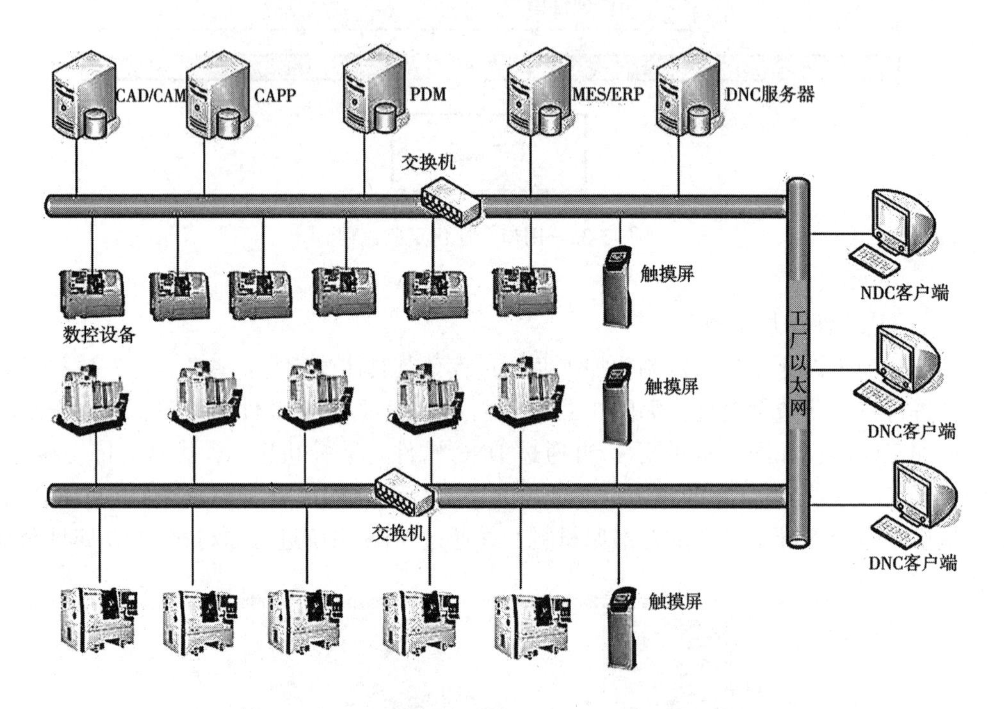

图 3-35　数控代码上传系统

(3)系统物料工作流程。

该流程主要实现原材料入库—出库—运输—加工—检测与装配—搬运—成品入库等制造生产过程的一系列工序，如图 3-36 所示。

3)各单元设备主要参数及实验内容

(1)智能立体仓储系统。

智能立体仓储系统如图 3-37 所示，由高层货架、巷道堆垛机、堆垛机控制器等组成，

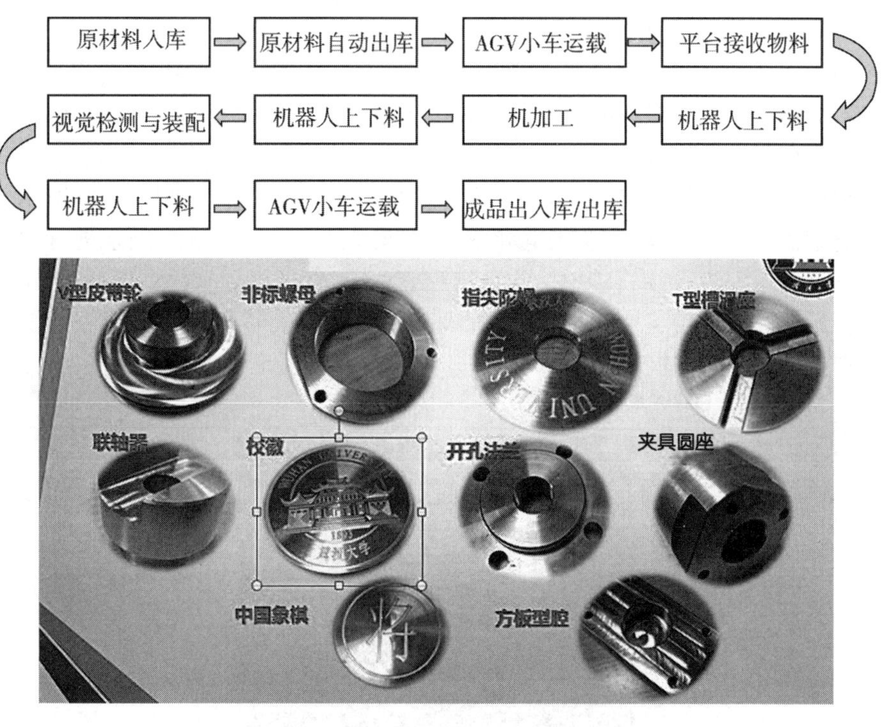

图 3-36　物料工作流程及加工零件案例

出入库辅助设备及巷道堆垛机能够在计算机管理下完成货物的出入库作业，实现存取自动化。智能立体仓储系统的功能包括：能够自动完成货物的存取作业，并能对库存的货物进行自动化管理；大大提高仓库的单位面积利用率，提高劳动生产率，降低劳动强度，减少货物信息处理的差错，合理有效地进行库存控制。

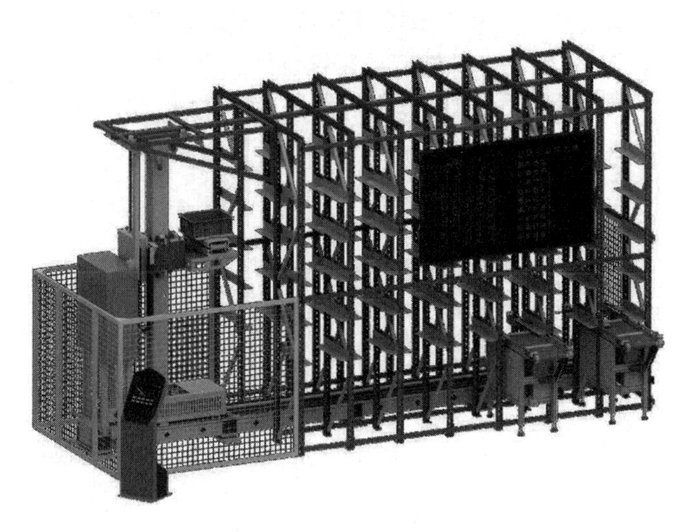
图 3-37　智能立体仓储系统

智能立体仓储系统可开展以下实验工作：立体仓储系统认知；自动出入/移库管理；自动化仓储作业认知；立体仓储系统 PLC 编程实验；立体仓储系统机械设计；工业网络通信认知；立体仓库管控系统实时操作等。

(2)AGV 小车。

智能制造生产线采用 AGV 运输小车负责系统物料传输工作，如图 3-38 所示，其工作原理是通过直流 DC48V 移动电源供电和双向差速式驱动方式，采用磁条进行导航，采用背负式接货运输单元进行物料传输。本系统配套 AGV 路径规划软件，可通过 AGV 路径规划软件进行运行路线设定，实现与 AGV 管理软件的无线实时传输，运行中系统管理软件可实时监控到 AGV 小车的状态信息。

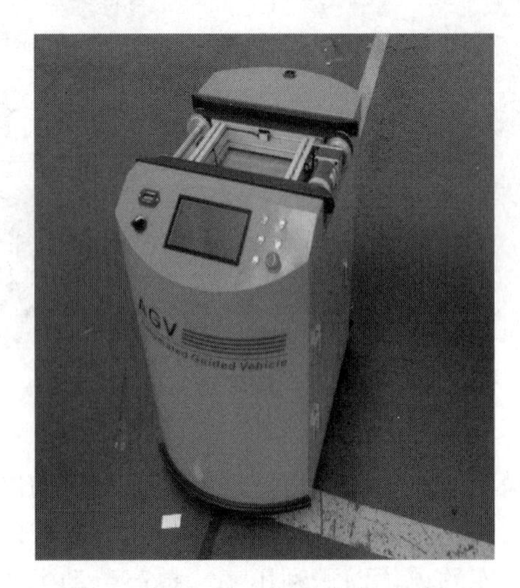

图 3-38　AGV 小车

AGV 小车可开展以下实验工作：AGV 小车认知(包括其分类和系统组成等)；AGV 小车机械部分设计(包括总体设计、机械传动装置设计、直流伺服电机选择、联轴器设计、蜗杆传动设计、前轮轴设计等)；AGV 小车控制系统设计(单片机或 PLC 选择、电机驱动芯片选择、循迹模块选择、硬件系统电路图、软件部分设计等)。

AGV 小车的主要参数如表 3-4 所示。

表 3-4　**AGV 小车主要参数**

运输负重能力	50kg
导航方式	磁条导航
站点识别方式	RFID
驱动方式	差速式双向驱动
安全防护	碰撞检测
最大运行速度	30m/min

(3) AGV 接货平台。

该智能制造系统配备的 AGV 接货平台，放置于各个设备正前方，需要在该工位进行加工的零件由 AGV 小车运输到该工位，如图 3-39 所示。其中有 1 个工装板位处于进行加工中，另一个工装板位处于等待加工，加工完成后的零件由机器人放回到工装板，工作台将工装板重新输送到 AGV 小车上。图 3-40 为 AGV 接货平台实物图。

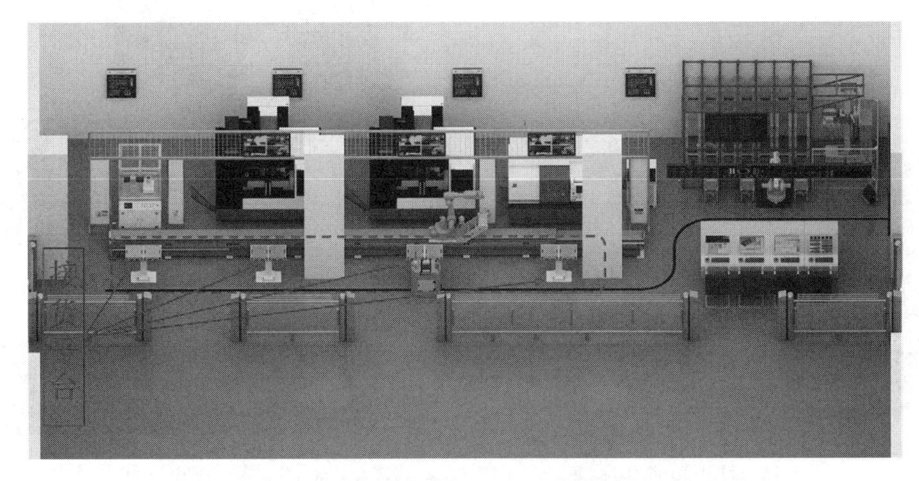

图 3-39　AGV 接货平台布置图

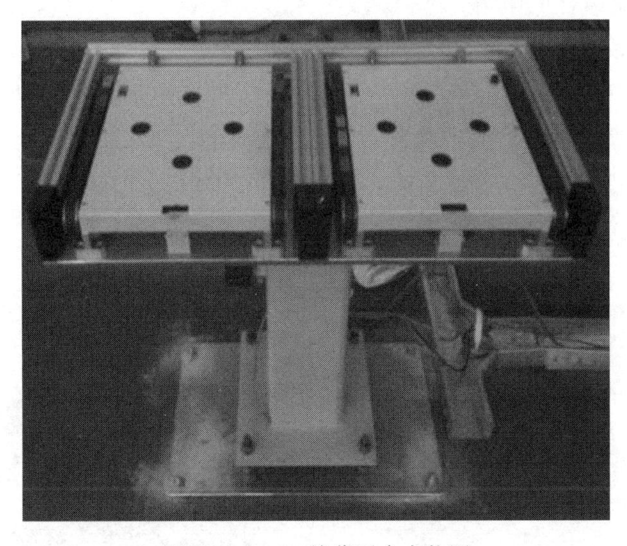

图 3-40　AGV 接货平台实物图

(4) 数控车床。

该智能制造系统采用 JT36 高精密斜床身数控车床，如图 3-41 所示。该数控车床可用于加工各种短轴类及盘类零件，能自动完成内外圆表面、圆锥面、圆弧面、端面等回转表面的加工以及车削螺纹等功能。

(5)三轴数控加工中心。

该智能制造系统采用VMC 650加工中心，如图3-42所示，用于箱体零件、壳体零件、盘形零件的加工。零件经过一次装夹后可完成铣、镗、钻、扩、铰、攻丝等多工序加工，具有高精度、高自动化、高可靠性、机电一体化程度高、操作简单的特点。

图3-41 JT36数控车床图

图3-42 VMC 650加工中心

(6)装配与检测组合工作站。

智能制造系统配备的组合站包含两个不同的功能站点，分别为自动检测工作站和自动装配工作站，如图3-43所示。该工作站中的影像检测装置如图3-44所示。该检测装置具备基本的点、线、圆、两点距离、角度等基本测量功能及坐标平移的功能，且检测数据可输出至Excel、Word、TXT中或者将测量图形输出至DXF文档做CAD设计。

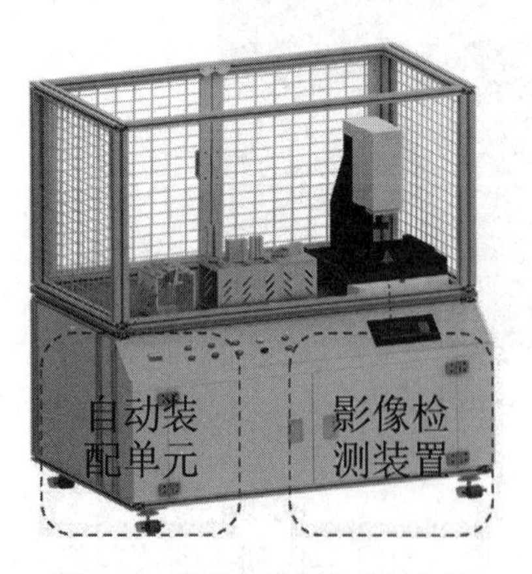

图3-43 装配与检测组合工作站

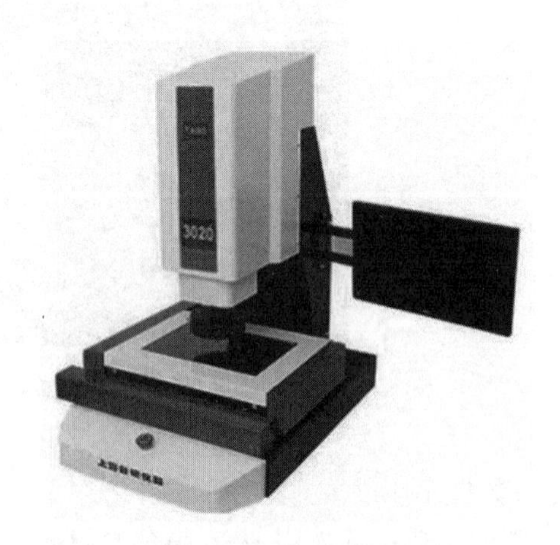

图3-44 影像检测装置

该工作站的自动装配单元由装配料架、装配平台、装配夹具等组成，可用于零部件自动化装配，与上下料机器人配合共同完成装配作业，如图 3-45 所示。

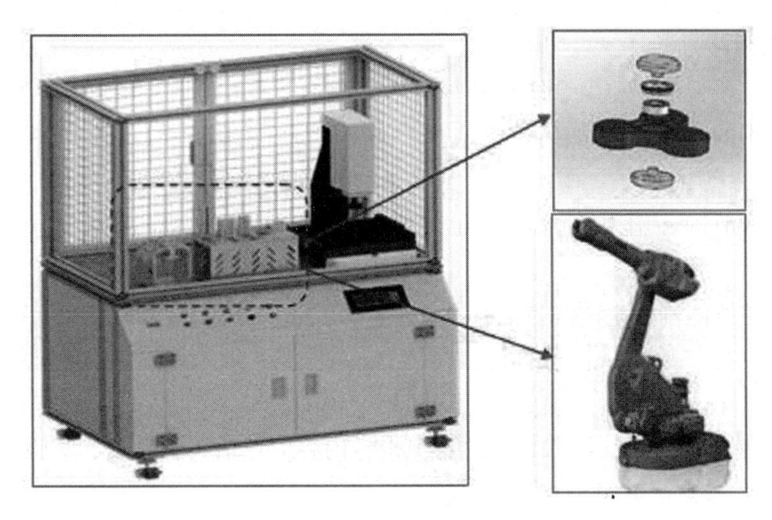

图 3-45 自动装配单元

(7) RFID(电子标签)识别系统。

RFID 识别系统应用于识别物料的类型、加工工艺等关键信息，其感知节点安装在立体仓库及每个工作站点当中。当原材料被存入系统中时，ERP 软件系统在该物料的 RFID 电子标签上进行了物料信息写入。物料由立体仓库输出后，在每一个工位都首先进行识别，然后再根据 ERP/MES 系统中的数据进行加工、搬运、检测等相关操作。

4. 实验步骤

(1) 在实验之前，熟悉智能制造生产线工作流程和工作原理。

(2) 通过中控中心操作系统，选定已有产品或自行设计一个零件(首先通过三维设计软件对自定义零件进行特征化造型设计，然后通过 CAM 软件，按照制造系统现场条件生成加工代码，通过接口导入中控中心操作系统)。

(3) 通过终端系统界面，或移动终端操作界面，显示订单下达信息和订单状态信息。

(4) 熟悉智能立体仓储系统、AGV 小车和 AGV 小车接货平台的出库和物料运输等过程，在 PLC 编程实验的基础上，可学习并设计立体仓储系统和 AGV 小车的 PLC 程序。

(5) 观察 ABB 六自由度工业机器人系统进行上料、下料和装配等的作业过程。

(6) 观察 RFID(电子标签)识别系统的工作过程。

(7) 了解并熟悉智能制造系统 ERP 系统和 MES 系统的工作流程，确认订单下达、原材料 RFID 属性定义、加工属性定义、原材料出库、零部件生产加工、产品组装、产品入库等过程中各系统的工作原理。

5. 思考题

(1)智能制造系统需由哪些硬件系统组成？各硬件系统间需实现哪些信息的共享与交换？如何实现？

(2)简述该条智能制造生产线有哪些工艺功能。

(3)实验中的 AGV 小车如何实现导航和碰撞检测？国际上 AGV 小车的导航方式有哪些？各有什么特点？

(4)简述目前国际国内智能制造的水平，根据自身的实力和潜力，提出自己的研究方向。

(5)指出该智能制造生产线目前存在的一个或两个问题，并提出整改意见。

6. 实验报告撰写要求

学生完成实验后应提交实验报告，实验报告内容应包括实验目的、实验设备、实验内容、实验步骤、实验记录和思考题。

实验二 激光直写光刻综合实验

1. 实验目的

(1)了解光刻的基本原理。

(2)了解激光直写设备的基本结构和工作原理。

(3)了解光刻图形的设计方法。

(4)了解光刻的工艺流程。

2. 实验设备

1)硬件部分

硬件部分主要有激光直写设备、计算机、空压机、过滤器、通风橱、匀胶机、烘胶台、莱卡显微镜。

2)软件部分

(1)PicoMaster 激光直写设备控制软件。

(2)PicoMaster Project Manager 光刻图形设计软件。

3. 实验原理

1)光刻的基本原理

光刻技术是指在光照作用下，借助光致抗蚀剂(又名光刻胶)将掩膜版上的图形转移到基片上的技术。光刻工艺使用光刻胶和可控制的曝光设备在光敏材料上形成三维图形，如图 3-46 所示。本实验使用激光直写设备进行光刻综合实验。

光刻的基本原理如图 3-47 所示。通过对衬底上的光刻胶进行选择性曝光，曝光区域的光刻胶性质发生变化。对于负胶，曝光区域的光刻胶保留在衬底上，未曝光区域的光刻胶被显影液溶解。对于正胶，曝光区域的光刻胶被显影液溶解，未曝光区域的光刻胶保留在衬底上。显影后在衬底上留下如图 3-47 所示的微纳结构。

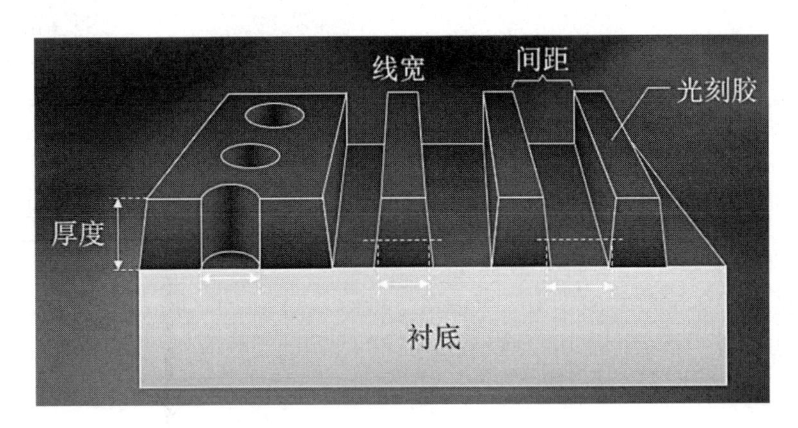

图 3-46　光刻胶的三维图形

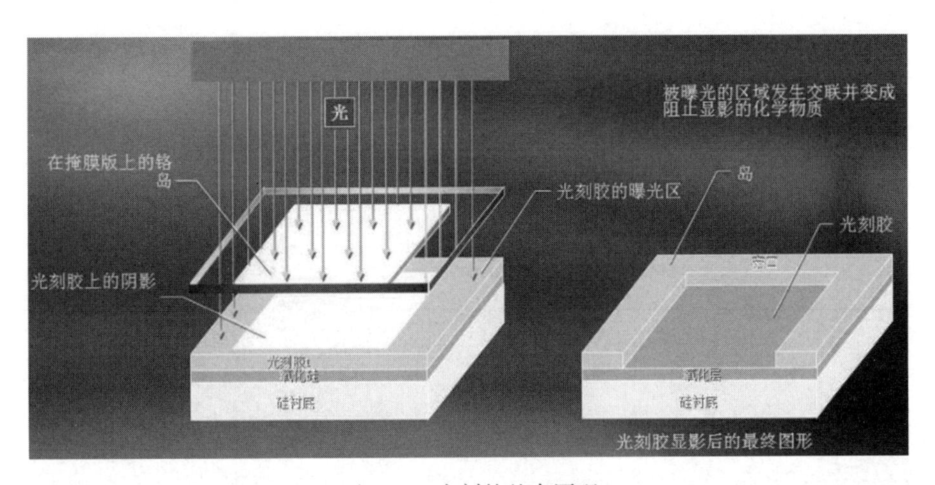

图 3-47　光刻的基本原理

激光直写使用单点光源，通过软件控制每个曝光位置的激光剂量，可以实现灰度光刻，激光光斑移动方向有扫描方向和步进方向。当光斑沿步进方向移动一步时，激光器沿着扫描方向扫描一次，并在需要曝光的位置产生激光，对光刻胶曝光。本实验使用的激光直写设备的光刻工作原理如图 3-48 所示。激光直写设备通过这种方式，无需使用掩膜版即可实现光刻功能。

2) 激光直写设备的结构与操作要求

本实验使用的激光直写设备实物图如图 3-49 所示。激光直写设备主要包含三部分：计算机、光刻机、辅助设备。光刻开始前，需要设计好光刻的图形，将光刻图形导入计算

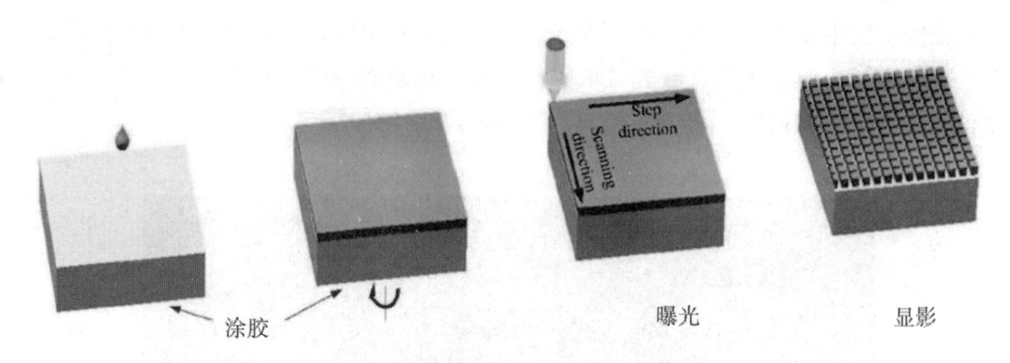

图 3-48　激光直写设备的光刻工作原理

机中的光刻软件，才可以开始光刻。光刻机工作时，需要空压机、过滤器等辅助设备的协助才可以开始工作。光刻机内的主要部件包括真空吸盘和激光器，如图 3-50 所示。激光直写设备工作时，样品放置在激光直写设备内的真空吸盘上，利用气压差吸住样品，使样品固定在真空吸盘上，然后才可以开启激光器进行光刻。

图 3-49　激光直写设备实物图

3）光刻工艺的主要步骤

光刻工艺主要包含 8 个步骤，如图 3-51 所示。首先，需要对衬底进行清洗。光刻工艺的精度高，本实验使用的激光直写设备光刻精度可达 300nm，对加工环境的洁净度要求极高，衬底上的杂质或灰尘会显著降低光刻图形的精度，影响光刻图形的形貌。衬底洗净

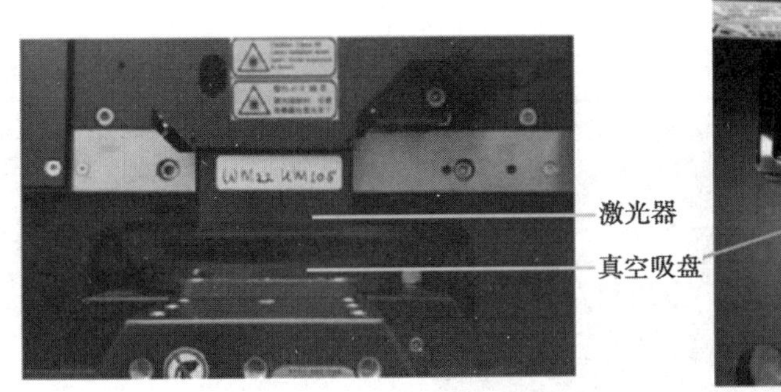

真空吸盘正视图　　　　真空吸盘俯视图

图 3-50　激光直写设备的主要部件

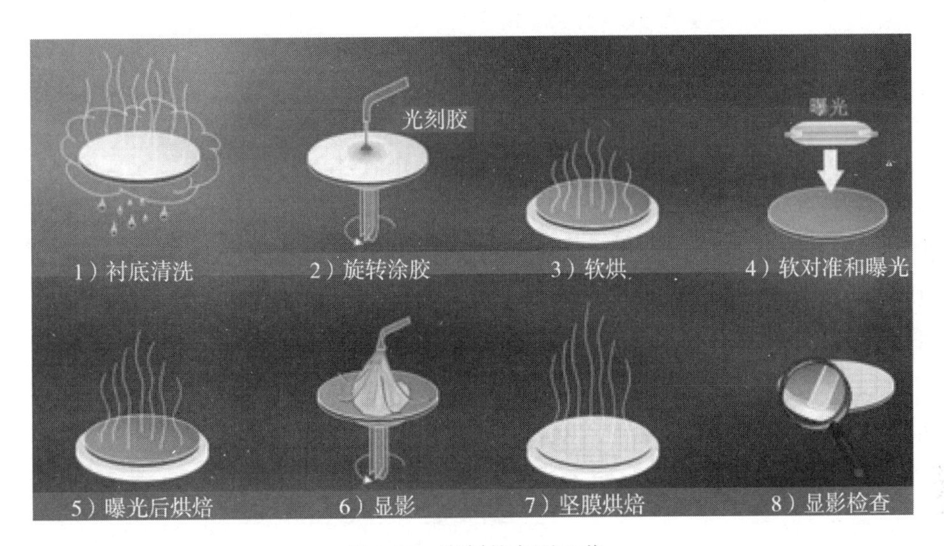

图 3-51　光刻的主要工艺

后，选择合适的匀胶快速将光刻胶旋涂在衬底上，然后将涂有光刻胶的衬底放在烘胶台上烘干，烘烤温度 90℃，烘烤时间 1.5 分钟；将烘干后的样品放入激光直写设备中，对焦后开始曝光；曝光完成后，将样品放置在烘胶台上再次烘烤，烘烤温度和时间分别为 90℃和 1.5 分钟；后烘焙完成后，将曝光后的样品放置在显影液中显影，显影时间不宜太长或太短，需根据曝光剂量结合实验效果选择曝光时间；显影完成后，将样品再次放置到烘胶台上烘烤，温度和时间分别为 90℃和 20 分钟；坚膜步骤完成后，在显微镜下检查光刻得到的图形是否达到设计要求。

4）光刻图形设计

PicoMaster Projecter Manager 是一款光刻图形设计软件，利用该软件可以设计光栅结构、菲涅耳透镜、蛾眼结构等。将设计好的图形导入激光直写设备中，可以制作出相应的微纳结构。图 3-52 是使用该软件设计并由激光直写设备光刻出的图形。

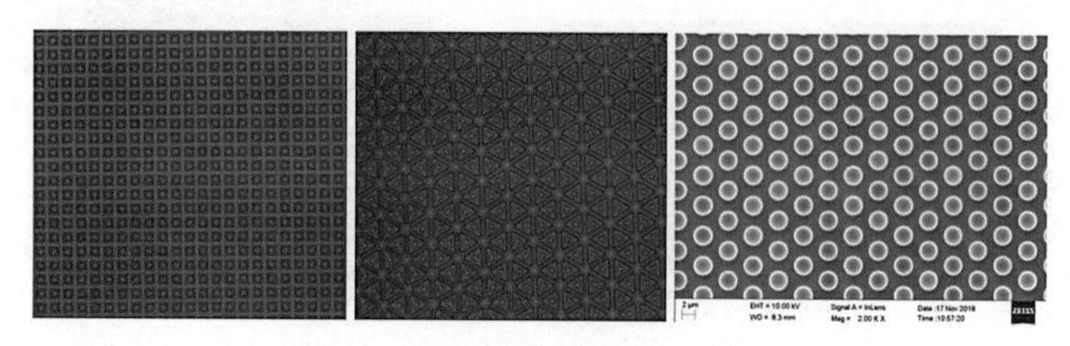

图 3-52　使用激光直写设备制作的微纳结构

4. 实验步骤

(1)学习光刻的基本原理，了解激光直写设备的基本结构和相应的操作规范。

(2)练习光刻图形设计软件和激光直写设备操作软件。

(3)根据所学基础知识完成光刻样品的准备工作，包括光刻图形的设计和光刻样品的制备过程。

(4)使用激光直写设备对准备好的样品进行曝光，并完成显影、烘干等步骤。

(5)独立设计光刻图形，在衬底上制作出微纳结构，并在显微镜下拍摄出样品的形貌。

(6)根据掌握的光刻工艺技能，制作出一张全息图。

5. 激光直写设备安全操作规程

(1)进入超净间后，遵守超净间内的操作守则，从指定入口和出口进出超净间，维持超净间内的洁净度。

(2)在超净间内进行实验时，按照要求穿戴防护服、手套、口罩、脚套、头套等防护器材。

(3)完成样品的清洗、旋胶、显影等步骤时，按照操作规范进行，避免皮肤直接接触化学试剂。

(4)光刻开始或结束时，将激光器调节回初始位置，避免激光器与真空吸盘发生碰撞而损伤设备。

6. 思考题

(1)哪些因素会影响激光直写设备的光刻精度？

(2)说明在光刻过程中遇到的问题和解决方法。

(3)谈谈你对光刻的理解。

7. 实验报告撰写要求

学生完成实验后应提交实验报告，实验报告内容应包括实验目的、实验设备、实验内容、实验步骤、实验记录和思考题。

实验三 增材制造综合实验

1. 实验目的

(1)了解工业增材制造技术的基本原理。

(2)熟悉三维打印机的基本构造。

(3)熟悉实验模型制作。

(4)了解3D快速成型的工艺和方法。

2. 实验设备

XYZprinting 3D打印机外形如图3-53所示。

图3-53 XYZprinting 3D打印机及喷头

3. 实验原理

3D打印(3D printing)是制造业领域正在迅速发展的一项新兴技术，被称为“具有工业革命意义的制造技术”。运用该技术进行生产的主要流程是：应用计算机软件设计出立体的加工样式，然后通过特定的成型设备(俗称“3D打印机”)，用液态、粉末、丝状的固体材料逐层“打印”出产品。

3D打印是增材制造(Additive Manufacturing)的主要实现形式。增材制造的理念区别于传统的“去除型”制造。传统数控制造一般是在原材料基础上，使用切割、磨削、腐蚀、熔融等办法，去除多余部分，得到零部件，再以拼装、焊接等方法组合成最终产品。而增材制造与之截然不同，无需原胚和模具，就能直接根据计算机图形数据，通过叠加材料的方法生成任何形状的物体，简化产品的制造程序，缩短产品的研制周期，提高效率并降低成本。

1)3D打印技术分类

目前已经得到应用的有十几种不同的3D打印技术，其中比较成熟的有SLA、SLS、LOM和FDM等方法。下面介绍这4种目前使用比较广泛的技术。

(1)SLA。

立体光固化成型(Stereo lithography Appearance，SLA)法，它用特定波长与强度的激光聚焦到光固化材料表面，使之由点到线，由线到面顺序凝固，完成一个层面的绘图作业，然后升降台在垂直方向移动一个层片的高度，再固化另一个层面。这样层层叠加构成一个三维实体。SLA技术主要用于制造多种模具、模型等；还可以在原料中通过加入其他成分，用SLA原型模代替熔模精密铸造中的蜡模。但是SLA系统造价高昂，使用和维护成本过高。它是要对液体进行操作的精密设备，对工作环境要求苛刻。成型件多为树脂类，强度、刚度、耐热性有限，不利于长时间保存。

(2)SLS。

选择性激光烧结(Selective Laser Sintering，SLS)技术，是采用激光有选择地分层烧结固体粉末，并使烧结成型的固化层层层叠加生成所需形状的零件。其整个工艺过程包括CAD模型的建立及数据处理、铺粉、烧结以及后处理等。SLS最突出的优点在于它所使用的成型材料十分广泛。从理论上说，任何加热后能够形成原子间黏结的粉末材料都可以作为SLS的成型材料。目前，可成功进行SLS成型加工的材料有石蜡、高分子、金属、陶瓷粉末和它们的复合粉末材料。

(3)LOM。

分层实体制造(Laminated Object Manufacturing，LOM)法，LOM又称层叠法成形，它以片材(如纸片、塑料薄膜或复合材料)为原材料。其工作原理是：激光切割系统按照计算机提取的横截面轮廓线数据，将背面涂有热熔胶的纸用激光切割出工件的内外轮廓。切割完一层后，送料机构将新的一层纸叠加上去，利用热黏压装置将已切割层黏合在一起，然后再进行切割，这样一层层地切割、黏合，最终成为三维工件。LOM的常用材料是纸、金属箔、塑料膜、陶瓷膜等，此方法除了可以制造模具、模型外，还可以直接制造结构件或功能件。LOM的特点是工作可靠，模型支撑性好，成本低，效率高。缺点是前、后处理费时费力，且不能制造中空结构件。

(4)FDM。

熔积成型(Fused Deposition Modeling，FDM)法，该方法使用丝状材料(石蜡、金属、塑料、低熔点合金丝)为原料，利用电加热方式将丝材加热至略高于熔化温度(约比熔点高1℃)，在计算机的控制下，喷头作X-Y平面运动，将熔融的材料涂覆在工作台上，冷却后形成工件的一层截面，一层成形后，喷头上移一层高度，进行下一层涂覆，这样逐层堆积使得三维工件熔丝堆积成形。FDM 技术污染小，材料可以回收，用于中、小型工件的成形。

本实验采用的就是基于 FDM 的 3D 打印技术。

2)3D 打印原理

本实验所使用的软件为 XYZware 3D 打印系统。它的打印工艺以 PLA 或 ABS 材料为原料，在其熔融温度下靠自身的黏结性逐层堆积成形，在该工艺中，材料连续地从喷嘴挤出，零件由丝状材料的受控积聚逐步堆积成形。

3)3D 打印的标准数据格式 STL

STL(Stereo Lithography Interface Specification)格式是目前 3D 打印/增材制造设备使用的通用接口格式，是由美国 3Dsystems 公司于 1988 年制定的一个接口协议，是一种为 3D 打印/增材制造技术服务的三维图形文件格式，目前已成为 3D 打印/增材制造事实上的标准格式。STL 格式是存储三维模型信息的一种简单方法，它将复杂的数字模型以一系列的三维三角形面片来近似表达。STL 模型是一种空间封闭的、有界的、正则的唯一表达物体的模型，具有点、线、面的几何信息，能够输入给增材制造设备，用于快速制作实物样品。STL 文件格式简单，只能描述三维物体的几何信息，不支持颜色材质等信息。

随着增材制造技术的发展和应用，STL 文件格式也得到了各 CAD/CAM 软件公司的广泛支持，常见的三维设计软件如 Pro/E、SolidWorks、CATIA 等支持将所建立的产品三维模型保存为这种格式。对于现成的产品还可以利用三维扫描仪等三维数字化工具对物理原型进行多方位三维扫描，经过点云数据的预处理与优化，得到物体完整的三维数据模型，对该数据模型进行表面三角形小平面化处理，即用许多空间三角形面片来逼近 CAD 模型，当三角形面片小到一定程度，其近似性可达到工程允许的精度范围内，最终形成可以直接输入 3D 打印/增材制造设备的 STL 文件。

4. 基本操作步骤

3D 打印基本操作步骤如图 3-54 所示，主要包括以下步骤：

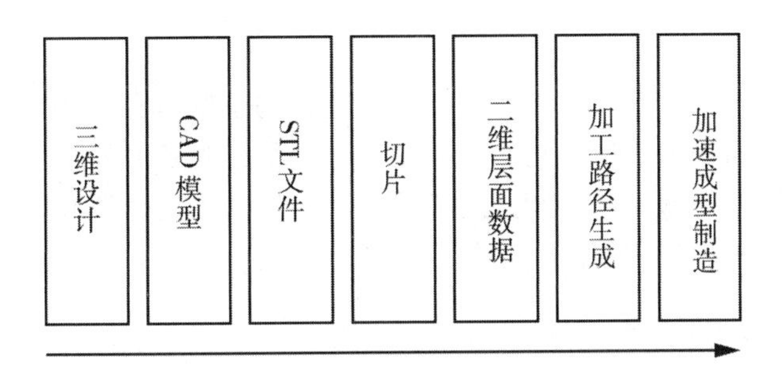

图 3-54 3D 打印基本操作步骤

(1)首先设计出机械零件的计算机三维模型，并存储为STL文件格式，对机械零件的外形尺寸设计要求见“6. 自设计打印样件的设计要求”。

(2)利用三维立体打印公司随机提供的XYZware软件，导入模型(STL文件)，按照一定的规则将模型分层切片为一系列离散有序的薄层，将原来的三维模型变成一系列的层片文件。

(3)连接和启动XYZprinting 3D打印机。

(4)在软件中点击打印后，层片文件自动下载到3D打印机中，设备自动识别离散后的模型文件，并开始执行程序打印模型，得到一个三维物理实体。

5. 注意事项

在3D打印过程中，喷头的温度会上升到210℃，底板的温度也接近100℃，所以不能触摸该处，防止烫伤!

6. 自设计打印样件的设计要求

在实验之前必须提前在CAD中(例如SolidWorks)设计完成一个可用于现场打印的实验样件3D模型(自行设计)，并存储为STL格式文件，作为实验打印对象。

为便于现场实验进度，模型尺寸要求：

(1)长宽高(或直径)尺寸均不超过60mm。

(2)壁厚不低于2mm。

(3)避免尖角和过小圆角。

(4)结构易于3D打印。

例如：

①斜齿轮：模数 $m=2$mm，齿数为30，齿顶高系数 $h_a^*=1$，顶隙系数 $c^*=0.25$，压力角为20°，螺旋角为10°，齿宽为10mm，所配套的轴直径为40mm，轴孔键槽宽为10mm，高为6mm。

②直齿圆锥齿轮：模数 $m=2$mm，齿数为30，节锥角为60°，齿宽为20mm，其余参数同上。

③其他。

7. 思考题

(1)给出所设计机械零件的三维设计图，其建模的主要步骤有哪些。

(2)阐述XYZprinting 3D打印机的主要结构组成及其成型工艺原理。

(3)结合实际样件打印实验，阐述对工业增材制造技术的体会和应用分析。

(4)打印过程中出现的主要问题是什么？如何解决？

8. 实验报告撰写要求

学生完成实验后应提交实验报告，实验报告内容应包括实验目的、实验设备、实验内容、实验步骤、实验记录和思考题。

3.4 模块三——智能机器人方向综合实验

实验一 工业机器人综合实验

1. 实验目的

(1)了解工业机器人系统的组成原理。

(2)熟悉工业机器人的手工编程方法。

(3)掌握工业机器人的编程语言。

2. 实验设备

(1)库卡 KR6 R700 六轴工业机器人及 KRC4 compact 控制柜、SMART PAD 手持编程器。

(2)安川 HP20D-6 六轴工业机器人及 DX100 控制柜、手持编程器。

3. 实验原理

1)工业机器人系统组成原理

(1)库卡机器人工作原理简介。

①库卡机器人机械本体及操作控制系统。

如图 3-55 所示，库卡 KR6 R700 工业机器人系统由机器人控制柜 KRC4 compact、机器人本体与操作系统 smartPAD 三者组成。KRC4 控制系统对机械手的六个轴进行控制，并且可以与上位 PC 机通信。库卡机器人操作系统又叫作示教器或手持操作器(KUKA smartPAD)，或称 KCP(KUKA 控制面板)。通过它可以对操作环境进行设置，对工艺动作进行示教编程(KCP 上的触摸屏称为 smartHMI)。通过手指或指示笔在其范围内进行操作，无须外部鼠标和键盘。

图 3-55 库卡 KR6 R700 工业机器人系统组成

库卡 KR6 R700 六轴工业机器人机械部分由 6 个手臂组成，具有 6 个自由度，如图 3-56 所示。每个手臂端部都装有电机，电机输出的扭矩经过减速器减速增扭后，驱动相应手臂绕关节转动。为实现一个空间的移动，可能需要 6 个手臂都产生相应的转动。

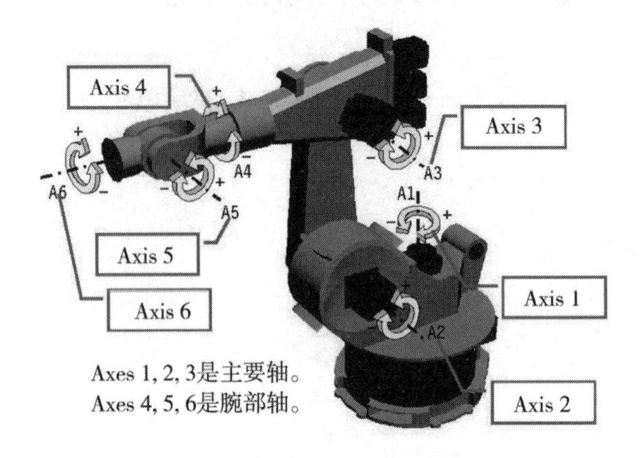

图 3-56　机器人机械部分组成

②库卡工业机器人操作系统简介。

库卡工业机器人操作系统的操作面板 smartPAD 按键如图 3-57 所示，主要包括操作系统数据线插拔按钮、钥匙开关、急停按键、3D 鼠标、6 个移动键、用于设定程序倍率和手动倍率的按钮、主菜单按键和启动、停止按键等。

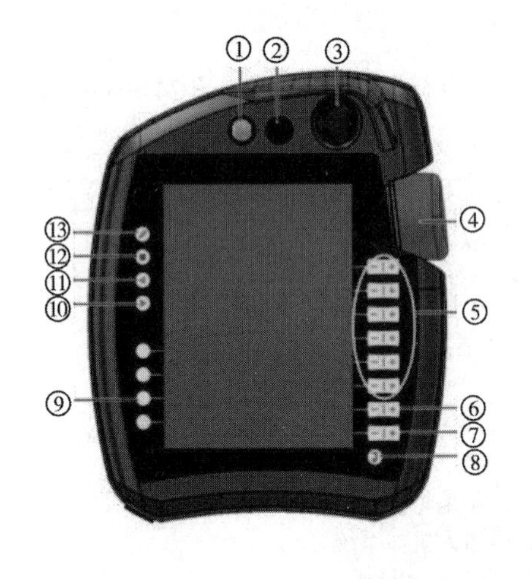

① KUKA smartPAD数据线插拔按钮
② 用于调出连接管理器的钥匙开关，可以通过连接管理器切换运行模式
③紧急停止键。用于在危险情况下紧急关停机器人
④3D鼠标，用于手动移动机器人
⑤移动键，在不同运动方式情况下手动移动机器人
⑥用于设定程序倍率的按钮
⑦用于设定手动倍率的按钮
⑧主菜单按钮
⑨工艺键
⑩启动键，启动一个程序
⑪逆向启动键，逆向、逐步运行一个程序
⑫停止键，暂停程序
⑬键盘按钮，在必要的情况下，通过键盘按钮在触摸屏上显示键盘

图 3-57　库卡机器人操作系统面板说明

③库卡工业机器人工作模式。

库卡工业机器人有 4 种工作模式，分别是：

a. T1(手动慢速运行)：用于测试运行、编程和示教；$V_{max}=250\text{mm/s}$。

b. T2(手动快速运行)：用于测试运行。程序执行时速度等于编程设定速度。

c. AUT(自动运行)：用于不带上级控制系统的工业机器人。程序执行时的速度等于编程设定的速度。

d. AUT EXT(外部自动运行)：用于带上级控制系统(PLC)的工业机器人。程序执行时的速度等于编程设定的速度。

可以通过面板上的②键——模式切换键来切换工作模式。

④工业机器人相关的坐标系。

坐标系在 KUKA 机器人的运行过程中具有重要意义，库卡机器人的编程和投入运行都在坐标系下进行。与工业机器人相关的坐标系有四种，分别是：

关节(JOINT)坐标系统：每个设备轴线在正负方向上可以单独移动。

大地(WORLD)坐标系统：固定的，直角坐标系统，其原点位于设备的底座。

基(BASE)坐标系统：直角坐标系统，其原点位于所加工的工件上。

工具(TOOL)坐标系统：直角坐标系统，其原点位于工具上。

a. 关节坐标系统。

图 3-58 所示的 JOINT 坐标中，每一机械轴线可以单独在轴线的正负方向移动。可以使用微动键或手轮。手轮下列微动键/手轮的运动能使每个轴线单独移动。

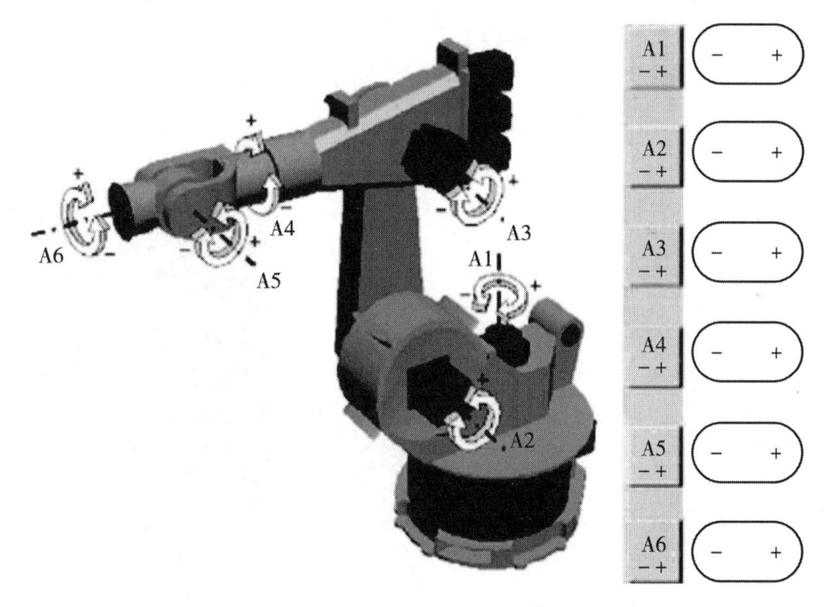

图 3-58 机器人关节坐标系及相应的操作系统操作按键

b. 大地坐标系统。

如图 3-59 所示的 WORLD 参考坐标轴系统是绝对坐标(固定不变)，笛卡儿直角坐标系，当设备移动时参考坐标系的原点保持在同一位置，不随设备移动而移动。WORLD 坐标系原点位于设备的底座。大地坐标系下机器人的运动方式：

a)沿坐标系的坐标轴方向平移。

b)绕着坐标系的坐标轴方向转动。

c)用笛卡儿坐标(X、Y、Z、A、B、C)反映机器人的位置和运动状态。

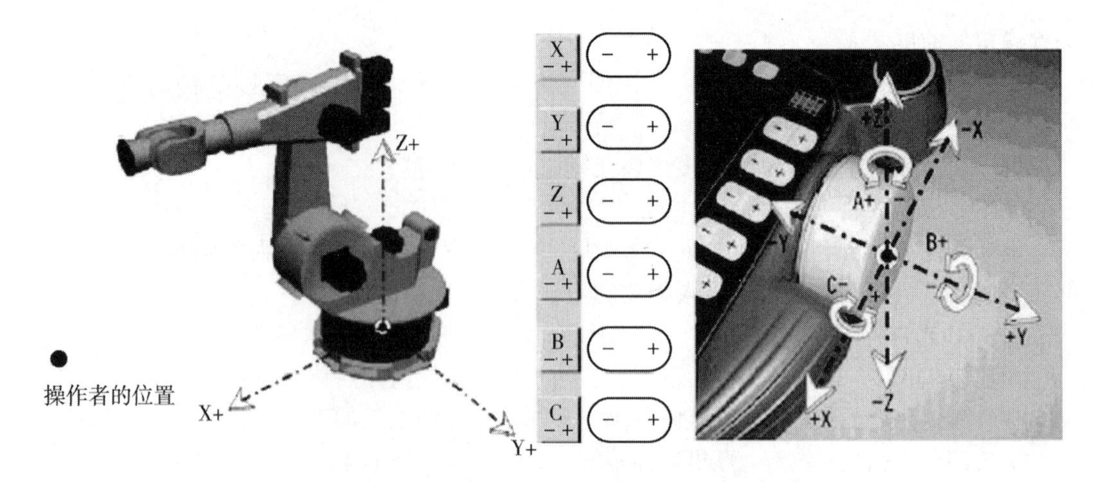

图 3-59　机器人大地坐标系及相应的操作系统操作按键

c. BASE 坐标系。

如图 3-60 所示的基坐标系是直角坐标系，笛卡儿坐标系，其原点位于外部工具。例如：可能是焊枪。如果操作者已经选择了此系统作为参考坐标系，设备运行与工件轴线平行。BASE 坐标系只有在下面情况下移动：工件固定在与算术关联的外部运动系统上交货时，BASE 坐标系原点位于设备的底座上。

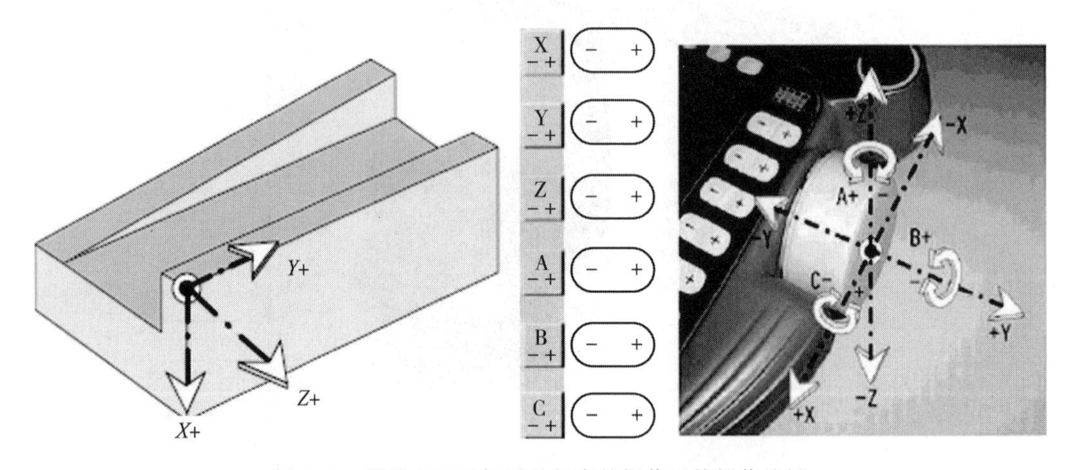

图 3-60　机器人基坐标系及相应的操作系统操作按键

d. TOOL 坐标系。

如图 3-61 所示的是直角坐标系，其原点位于工具上。坐标系一般 X 轴定向与工具工作方向一致。

TOOL 坐标系不断地跟随工具运动，工具坐标系原点由当前所测的工具位置坐标而定，并非固定不变，并由机器人引导；工具坐标系的原点称为 TCP，并与工具的工作点相对应。库卡机器人可以设定 16 个工具坐标系。

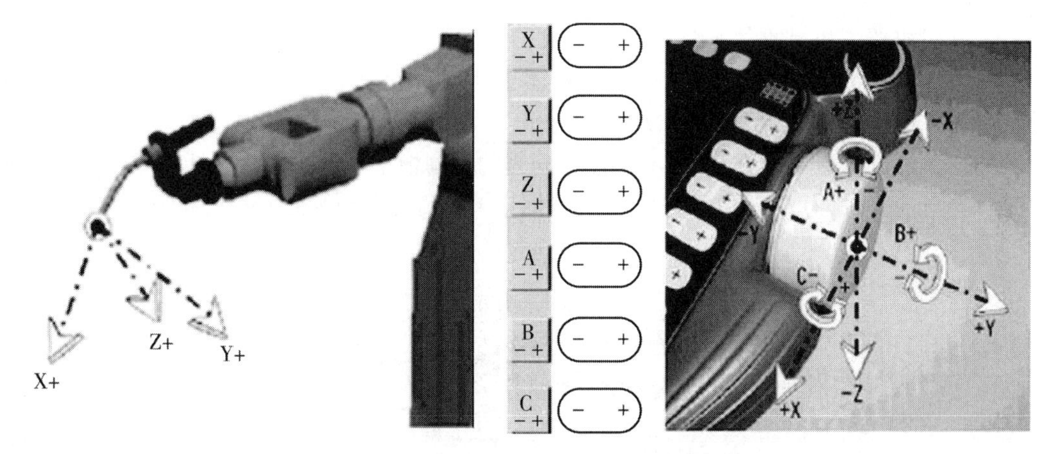

图 3-61　机器人工具坐标系及相应的操作系统操作按键

⑤库卡机器人常用的命令。

库卡机器人有不同的运动指令，可根据对机器人工作流程的要求进行运动编程。图 3-62 给出了一个库卡机器人编程示例。

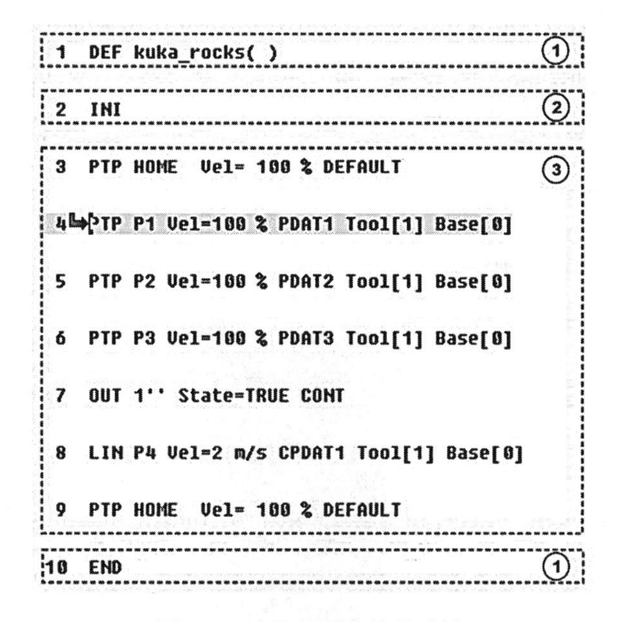

```
1  DEF kuka_rocks( )                                    ①
2  INI                                                  ②
3  PTP HOME  Vel= 100 % DEFAULT                         ③
4  PTP P1 Vel=100 % PDAT1 Tool[1] Base[0]
5  PTP P2 Vel=100 % PDAT2 Tool[1] Base[0]
6  PTP P3 Vel=100 % PDAT3 Tool[1] Base[0]
7  OUT 1'' State=TRUE CONT
8  LIN P4 Vel=2 m/s CPDAT1 Tool[1] Base[0]
9  PTP HOME  Vel= 100 % DEFAULT
10 END                                                  ①
```

图 3-62　库卡机器人编程示例

a. 按轴坐标的运动：PTP(Point-To-Point)，即点到点。

b. 沿轨迹的运动：LIN(线性)和 CIRC(圆周形)。

c. SPLINE：样条是一种尤其适用于复杂曲线轨迹的运动方式。这种轨迹原则上也可以通过 LIN 运动和 CIRC 运动生成，但是样条更有优势。

(2)安川机器人工作原理简介。

①安川机器人机械本体与控制系统组成。

如图 3-63(a)~(b)所示，安川工业机器人也是一个六自由度机器人，可绕 S 轴、L 轴、U 轴、R 轴、B 轴、T 轴 6 个关节转动。

如图 3-63(c)所示，与 HP20d-6 机器人配套的控制柜是 DX100，它包括电源单元、伺服单元、抱闸基板、I/O 单元和 CPU 单元等。伺服单元负责驱动机器人各轴伺服电机运动。

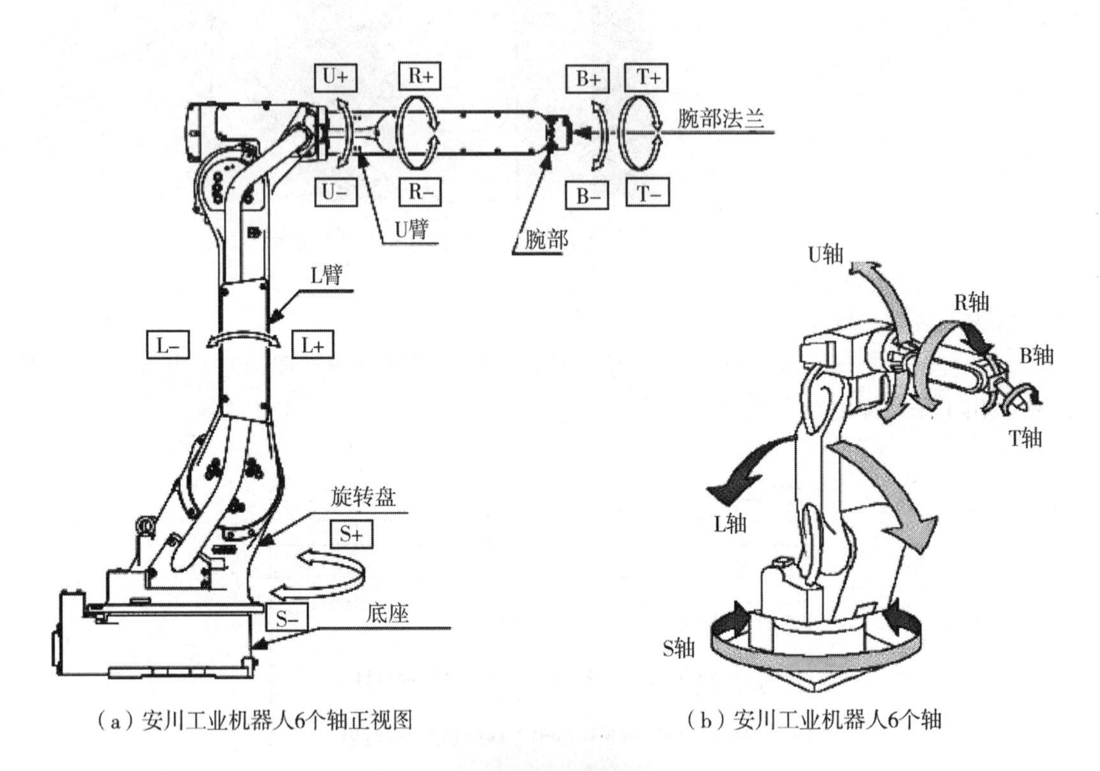

(a) 安川工业机器人6个轴正视图　　(b) 安川工业机器人6个轴

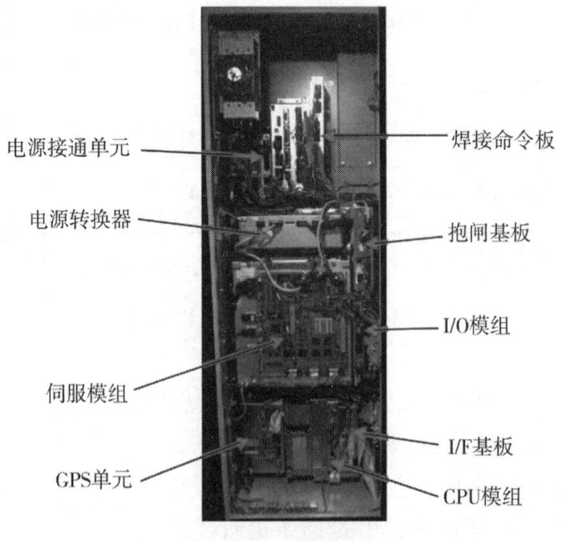

(c) DX100 控制柜组成

图 3-63　安川工业机器人组成

②安川工业机器人操作系统简介。

安川工业机器人操作系统操作面板的按键布置如图 3-64 所示，上部按键如图 3-64(a)所示，主要是工作模式切换、开始、暂停和急停键。操作系统中部按键如图 3-64(b)所示，是对机器人进行操作要用到的按键，如对应关节坐标系下的 S 轴、L 轴、U 轴、R 轴、B 轴、T 轴 6 个关节的操纵，还有一些按键用来切换坐标、伺服准备等。下部按键如

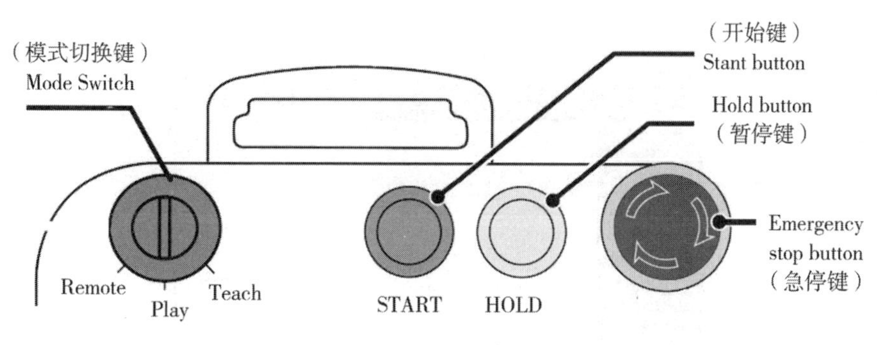

(a)操作系统上部按键

(b)操作系统面板中部按键

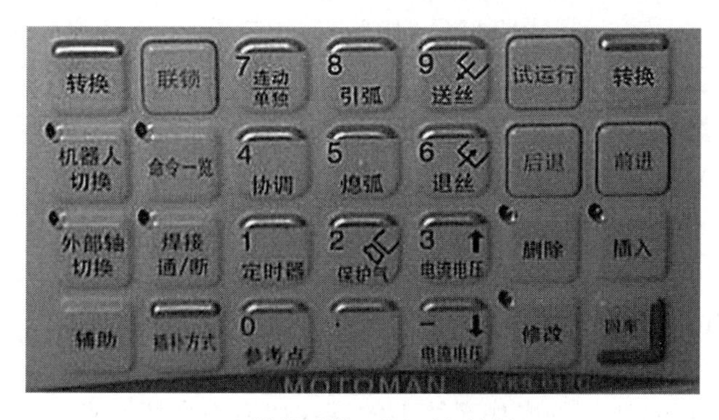

(c)操作系统面板下部按键

图 3-64　操作系统按键

图3-64(c)所示，主要是一些专业机器人操作按键，如焊接机器人操作按键，通用机器人操作主要用到其中的转换、联锁、试运行、前进、后退，以及一些程序编辑键如插入、删除、修改、回车，当然其中最常用到的按键就是“插补”按键。

操作系统软件主界面如图3-65(a)所示，图3-65(b)说明其上部状态显示区各图形的含义。

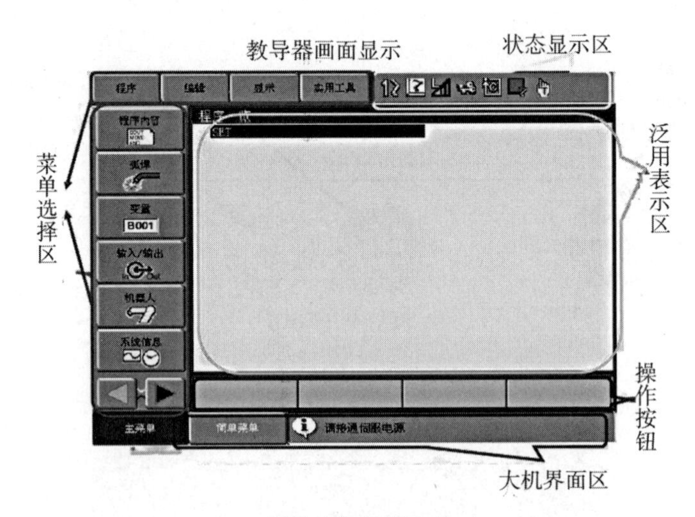

(a)操作系统软件主界面

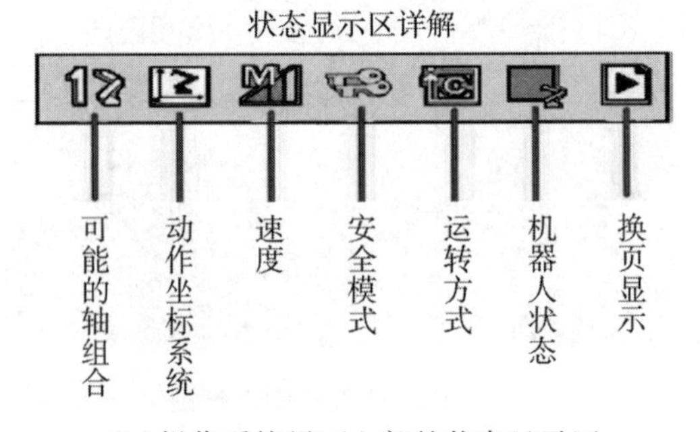

(b)操作系统界面上部的状态显示区

图3-65 操作系统软件主界面

③安川机器人工作模式。

安川工业机器人有3种工作模式，分别是：

a. 示教模式(Teach)：用于现场的编程和示教。

b. 运行模式(Play)：此模式下机器人连续运行。

c. 远程控制(Remote)：用于带上级控制系统的场合，可以通过上位控制系统来控制多个机器人联合运行。

可以通过图3-64(a)所示的操作系统上的模式切换键来切换工作模式。

④安川机器人相关的坐标系。

关节坐标系：机器人各轴进行单独动作。

直角坐标系：不管机器人处于什么位置，均沿设定的 X 轴，Y 轴，Z 轴平行移动。

圆柱坐标系：机器人以本体 Z 轴为中心旋转运动或与 Z 轴成直角平行运动。

工具坐标系：把机器人腕部法兰盘所持工具的有效方向作为 Z 轴，并把坐标定在工具的尖端点上。

用户坐标系：机器人沿所指定的用户坐标系各轴平行移动。

⑤安川机器人编程语言简介。

安川机器人常用的编程指令如表 3-5 所示。其编程示例如表 3-6 所示。

表 3-5　**安川机器人常用编程指令**

DOUT	功能	使外部继电器 ON 或 OFF
PULSE	功能	使外部继电器 ON 一段时间，之后自动 OFF
DIN	功能	将输入信号读入
WAIT	功能	等待一输入信号与设定相符
JUMP	功能	跳至预设之“*”行或程式，执行指令
*	功能	JUMP 指令执行之行标号
CALL	功能	呼叫设定之副程式
TIMER	功能	暂停时间(T=0.01 至 655.35s)
INC	功能	每次加一
DEC	功能	每次减一
IF	功能	判别指令

表 3-6　**安川机器人程序示例**

行	命令	内容说明	
0000	NOP		
0001	MOVJ　VJ=25.00	移到待机位置	(程序点 1)
0002	MOVJ　VJ=25.00	移到切削开始位置附近	(程序点 2)
0003	MOVJ　VJ=12.50	移到切削开始位置	(程序点 3)
0004	TOOLON	切削开始	
0005	MOVL　V=50.0	移到切削结束位置	(程序点 4)
0006	TOOLOF	切削开始	
0007	MOVJ　VJ=25.00	移到不碰撞工件和夹具的位置	(程序点 5)
0008	MOVJ　VJ=25.00	移到待机位置	(程序点 6)
0009	END		

4. 实验步骤

1)库卡机器人示教操作步骤

(1)新建一个程序，命名为 test001；

(2)将工作模式切换键打到 T1 手动慢速运行模式；

(3)选择机器人坐标系，确定各轴作为移动键的选项，设置手动倍率；

(4)将确认开关按至中间挡位并按住；

(5)按图 3-57 的移动键或 3D 鼠标，移动机器人到某个工作位置；

(6)将光标移到程序中要插入命令的位置；

(7)在编辑框下方，选择某种命令如 PTP、LIN 或 CIRC，记录机器人当前的工作位置；

(8)再重复(6)~(7)两步工作，完成机器人程序的编辑。

2)库卡机器人自动运行操作步骤

(1)将操作系统工作模式切换键打到 T1AUT(自动运行)运行模式。

(2)在操作系统工作目录下找到要运行的文件，点击选定程序和打开程序。

(3)在操作系统面板上点击左侧的启动按键，运行程序。

3)安川机器人示教操作步骤

与上面库卡机器人操作步骤基本相同，只是相应的按键有区别。

(1)打开机器人外部电源开关，把 DX100 控制柜旋钮打到开启位置，启动伺服电源。取下手持编程器，把模式切换键打到示教位置，新建一个实验名称。

(2)用手持编程器中部按键控制机器人手臂动作，用插补按键输入机器人动作命令，并设置相应的运动参数。

(3)完成程序编制。把编程器开关切换到运行位置，启动机器人运行，检查程序工作是否按预期进行。

(4)将 DX100 控制柜旋钮打到关闭位置，关闭机器人伺服电源。再关闭电源总开关。

5. 实验记录

将在库卡工业机器人和安川机器人上编好的程序记录整理下来，附在实验报告的实验记录部分，并附图说明机器人的运行轨迹。

6. 工业机器人安全操作规程

(1)机器人处于自动模式或手工编程时，任何人员都不允许进入其运动所及的区域。

(2)机器人停机时，夹具上不应置物，必须空机。

(3)机器人在发生意外或运行不正常等情况下，均可使用急停键，停止运行。

(4)因为工业机器人在自动状态下，即使运行速度非常低，其动量仍很大，所以在进行编程\测试及维修等工作时，必须将机器人置于手动模式。

(5)在手动模式下调试机器人，如果不需要移动机器人时，及时释放使能器，以节约能源。

(6)突然停电后，要赶在来电之前预先关闭工业机器人的主电源开关，并及时取下夹具上的工件。

7. 思考题

(1)哪种坐标系下，库卡工业机器人可以实现绕着单个关节的转动？安川机器人呢？
(2)库卡机器人哪种命令可实现直线移动？安川机器人呢？
(3)什么是 TCP？它有何作用？设置工具坐标系有哪些方法？
(4)库卡机器人怎么设置工件坐标系？

8. 实验报告撰写要求

学生完成实验后应提交实验报告，实验报告内容应包括实验目的、实验设备、实验内容、实验步骤、实验记录和思考题。

实验二　移动机器人实验

1. 实验目的

(1)了解 ROS 的基本原理和使用。
(2)了解 Turtlebot3 waffle 机器人的主要硬件构成及工作原理。
(3)掌握 SLAM 建图的基本原理并在机器人上实现。
(4)掌握自主导航基本原理并在机器人上实现。

2. 实验设备

(1)Turtlebot3 waffle 移动机器人。
(2)安装好 Ubuntu 和 ROS 系统的电脑、mini 显示屏、鼠标键盘。
(3)接线板。
移动机器人的外形如图 3-66 所示。

图 3-66　Turtlebot3 waffle 移动机器人

3. 实验原理

移动机器人是一种在复杂环境下工作的，具有自行组织、自主运行、自主规划的智能机器人，融合了计算机技术、信息技术、通信技术、微电子技术和机器人技术等。它既可以接受人类指挥，又可以运行预先编排的程序，也可以自主行动。它的任务是协助或取代人类的部分工作，例如消防、排爆等危险的工作。

移动机器人的组成主要有三部分：机械部分、传感部分、控制部分。移动机器人的一项核心功能就是能实现导航定位，即"我在哪""到哪儿去""怎么去"。利用 SLAM 实现定位导航是目前的主流技术。本实验采用 Turtlebot3 waffle 移动机器人，基于 ROS 开源操作系统来实现自主导航功能。

实现机器人的自主导航，首先需要使用 SLAM(Simultaneous Location and Mapping)技术对周围环境进行建模，实现地图构建。机器人在移动过程中根据里程计计算位姿和使用激光雷达对位姿进行修正从而对自身进行定位，同时在定位的基础上实现增量式构建地图。利用地图信息就可以实现移动机器人的路径规划，从而进行自主导航。导航主要分为以下几个步骤：

(1)通过激光雷达和里程计，结合所建地图的障碍物信息，对自身进行实时定位。(我在哪)

(2)设定目标点。(我要去哪)

(3)根据地图障碍物信息，规划一条自身位置到目标点的全局路径。(怎么去)

(4)在机器人自身范围内，根据激光雷达信息，建立一个局部地图，规划一条局部路径。(避障)

在本次实验中，将融合机器人自带的里程计、惯性测量单元 IMU、激光雷达传感器，实现环境地图的构建，并基于环境地图实现机器人的导航。

4. 实验步骤

1)PC 与 Turtlebot3 建立主从连接

ROS 是一个分布式系统，可以实现不同设备间通过局域网进行数据交换，我们通过 IP 配置，实现 PC 与机器人建立主从关系，使 PC 能够实时获得机器人发布的传感器信息。配置方法如图 3-67 所示。

配置流程(机器人与 PC 配置方法一样)：

(1)首先查看自身 IP，使用快捷键 Ctrl+Alt+T 打开终端命令窗口，输入：

```
$ipconfig
```

回车，可以看到自身的 IP 信息，记录下 IP。

(2)打开配置文件，输入：

```
$gedit ~/.bashrc
```

打开 bashrc 文件，不需要修改以前的文件，在文件的最后，检查 IP 地址是否正确，若不正确，修改方式如图 3-67 所示，每次修改都要保存，并且输入以下命令使其生效：

```
$source ~/.bashrc
```

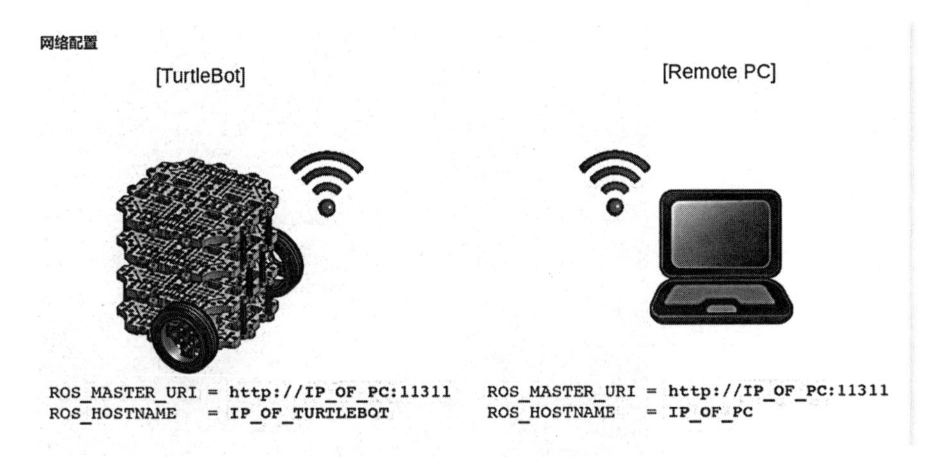

图 3-67 主从 IP 配置

(3)测试网络配置是否正确，在 PC 端启动 master 节点：

```
$roscore
```

如果能成功运行并没有报错，说明主从连接配置成功。

连接完成由老师检查。

2)实现 SLAM 建图

(1)PC 端开启 master 节点，输入：

```
$roscore
```

(2)开启机器人。在机器人中开启终端，开启机器人，输入：

```
$roslaunch turtlebot3_bringup turtlebot3_robot.launch
```

(3)在 PC 端打开新的终端，输入 SLAM 启动命令：

```
$roslaunch turtlebot3_slam turtlebot3_slam.launch
```

此时将打开 Rviz 显示界面，Rviz 是一款基于 ROS 的三维可视化工具。它的主要功能是通过订阅 ROS 中发布的话题，将消息进行可视化。在图 3-68 中可以看到 Rviz 里显示了机器人的建图效果。

(4)在 PC 中打开新的终端，控制机器人移动，输入：

```
$roslaunch turtlebot3_teleop turtlebot3_teleop_key.launch
```

使用键盘遥控机器人运动，此时从 Rviz 可以看到由激光雷达发送过来的环境信息正在随着机器人的移动逐步建立环境地图。

(5)保存地图。完成建图后，使用以下命令保存地图。

```
$rosrun map_server map_saver -f ~/map
```

3)机器人自主导航及避障

实验原理如图 3-69 所示。

实验流程如下：

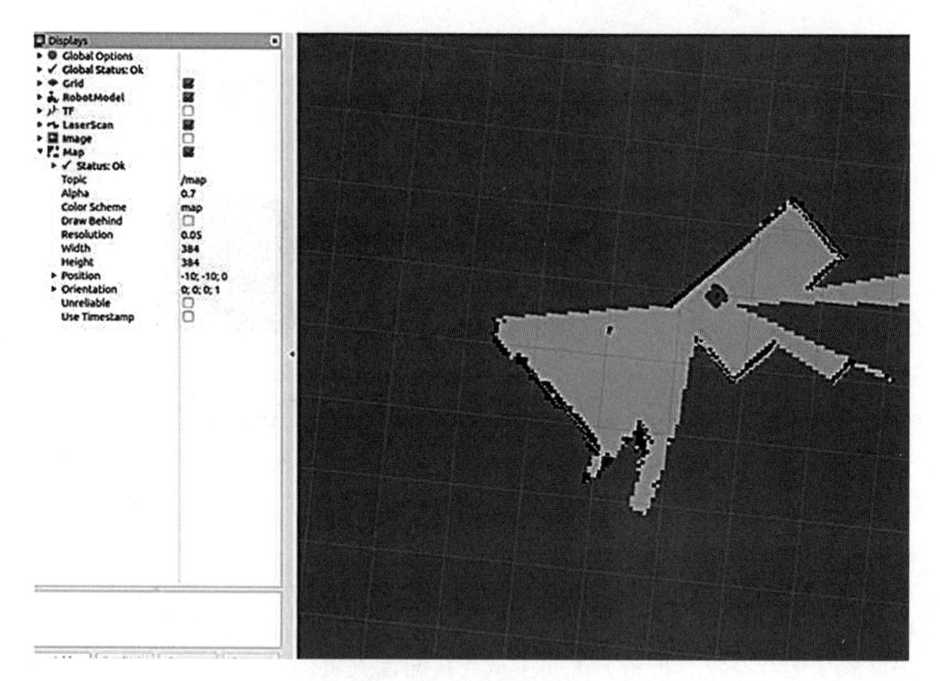

图 3-68　机器人建图效果

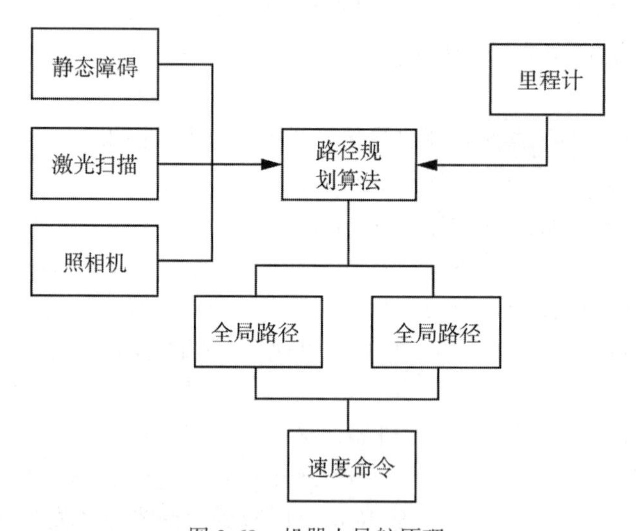

图 3-69　机器人导航原理

(1)在 PC 端关闭之前的 slam 终端，只保留 roscore 终端，打开新终端，输入：

```
$roslaunch turtlebot3_navigation turtlebot3_navigation.launch
map_file:=$home/map.yaml
```

(2)在打开的 Rviz 界面中，点击 2D PoseEstimate 设定初始位姿。

(3)点击 2D New Goal 设定目标位姿，机器人将会自主规划路径，Rviz 会显示其规划的路径。

(4)在路径中设定障碍物，机器人会自动避开障碍物，实现自主避障。

6. 思考题

(1)Turtlebot3 的工作原理是什么?

(2)ROS 有什么特点及工作方式?

(3)SLAM 建图实现的原理是什么?

(4)机器人自主导航中是如何进行路径规划的?

(5)机器人是如何实现避障的?

7. 实验报告撰写要求

学生完成实验后应提交实验报告，实验报告内容应包括实验目的、实验设备、实验内容、实验步骤、实验记录和思考题。

实验三　多传感器融合人机协作综合实验

1. 实验目的

(1)了解深度相机、肌电信号传感器、力传感器的工作原理和使用方法。

(2)了解多传感器融合进行意图识别的方法。

(3)了解利用多传感器进行人机协作任务的控制方法。

2. 实验设备

(1)丹麦 UR 协作机器人。

(2)Kinect 2 深度相机、MYO 手环、六维力/力矩传感器。

3. 实验要求

(1)实验前检查设备是否完整，回顾机器人学所学基本知识。

(2)实验中切勿施加超过六维力/力矩传感器的力。

(3)实验中做好数据记录工作，根据需要截屏。

(4)实验后整理实验器材物归原处，做好小组操作事项登记。

(5)实验成绩：实验过程演示+实验报告。

(6)实验 4 人一组，合作完成实验。

4. 实验准备

在实验室人员的指导下，完成以下准备：

(1)控制：建立程序工作空间，引用环境变量。

(2)网络：PC 主机需要和机械臂在同一个网段，测试网络能否连通机械臂。

(3)空间：检查机械臂工作空间是否有障碍物体，并进行适当清理。

(4)电源：检查 MYO 手环电量是否足够，可用 USB 进行充电。

5. 实验原理

1)实验设备及工作原理

(1)UR 机械臂。

如图 3-70 所示，UR 机械臂是一种协作机器人。协作机器人(Collaborative Robot)是一种被设计成能与人类在共同工作空间中进行近距离互动的机器人，它能够直接和操作人员在同一条生产线上工作，不需要使用安全围栏与人隔离。这种打破传统的新型工作模式为全手动和全自动的生产模式之间搭建了一个桥梁。而传统工业机器人的工作场景往往是在保护围栏或其他保护措施之后，完成诸如焊接、喷涂、搬运码垛、抛光打磨等高精度、高速度的操作。工作人员进入安全围栏内须先停止或限制机器人工作等安全操作。

协作机器人与传统工业机器人基于不同设计理念、产品定位，拥有各自的目标市场、制造模式与应用领域。对能够提供兼容性高和切换迅速的解决方案的协作机器人而言，具有能适应空间狭小和行程多变的不同工作平台、产线切换时可短时间内快速作业、保证生产安全性等优势。

下面具体针对 UR 协作机械臂原理进行解释。

①UR 机械臂控制方法和结构组成。

UR 机械臂是一种可以通过编程来移动工具并使用电信号与其他机器进行通信的机械装置。有两种编程方式，一种是 UR 机器人自带编程界面 PolyScope，可以轻松实现对机械臂的编程，使其沿着所需要的运动轨迹来移动工具；另一种是 C++，支持 ROS，可以用 C++来编写自己的算法对机械臂进行控制。

图 3-70　UR 机器人的机械臂外形

如图 3-71 所示，UR 机械臂由基座、肩部、肘部、手腕 1、手腕 2、手腕 3 六个关节组成。基座是机器人的安装位置，机器人的另一端(手腕 3)与机器人工具(例如机械手)相连。通过协调各个关节的运动，机器人可在运动范围内随意移动工具。

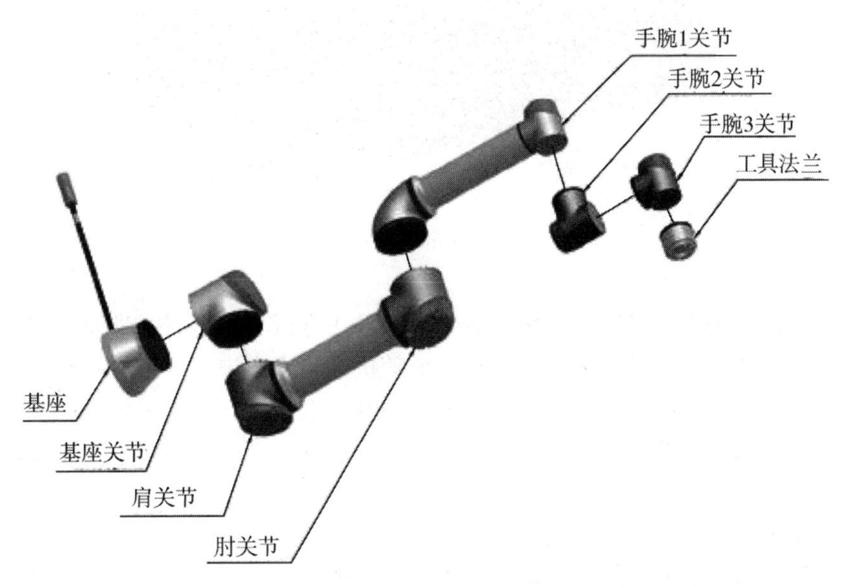

图 3-71　UR 机器人机械臂组成

②UR 常用坐标系。

关节坐标系：关节空间广义坐标系，机器人各轴进行单独动作。

直角坐标系：笛卡儿空间，不管机器人位于什么位置，均沿着设定的 X、Y、Z 轴平行移动。

圆柱坐标系：机器人以本体 Z 轴为中心旋转运动或与 Z 轴成直角平行移动。

工具坐标系：把机器人腕部法兰盘所持工具的有效方向作为 Z 轴，并把坐标系原点定在工具的尖端点上。

用户坐标系：机器人沿用户所指定的坐标系各轴平行移动。

(2)Kinect2 深度相机。

如图 3-72 所示，Kinect2 是一款深度相机，采用了 PrimeSense 公司 Light Coding 技术。Light Coding 技术理论是利用连续光(近红外线)对测量空间进行编码，经感应器读取编码的光线，交由信号处理芯片运算进行解码后，生成一张具有深度的图像。Light Coding 技术的关键是 Laser Speckle 激光散斑，当激光照射到粗糙物体或穿透毛玻璃后，会形成随机的反射斑点，称之为散斑。散斑具有高度随机性，也会随着距离而变换图案，空间中任何两处的散斑都会是不同的图案，等于是将整个空间加上了标记，所以任何物体进入该空间以及移动时，都可确切记录该物体的位置。Light Coding 发出激光对测量空间进行编码，就是指产生散斑。Kinect 就是以红外线发出人眼看不见的 class1 激光，透过镜头前的 diffuser(光栅、扩散片)将激光均匀分布投射在测量空间中，再通过红外线摄影机记录下空间中的每个散斑，撷取原始资料后，再透过芯片计算成具有 3D 深度的图像。

图 3-72　Kinect2 深度相机

根据深度相机获得的深度图，用机器学习的算法进行分类学习，进而得到每一个点的特征值，将它们的特征变量进行分类，在一个随机决策库中进行搜索，匹配出它是人体的哪一部位，从而得到骨骼点的坐标。找到人体的骨骼点并将其连起来就可以形成完整的人体骨骼图，骨骼识别的部分是肢体动作识别的重要部分，识别到骨骼点就能对人进行动作分析、姿态分析以及后期的控制识别。

(3)MYO 手环。

如图 3-73 所示，MYO 手环是加拿大 Thalmic Labs 公司于 2013 年初推出的一款控制终端设备，其基本原理是：臂带上的感应器可以捕捉到用户手臂肌肉运动时产生的生物电信号变化，对生物电信号进行分类，判断佩戴者的意图，可以将生物电信号和判断的意图通过蓝牙发送给电脑做进一步处理和分析。

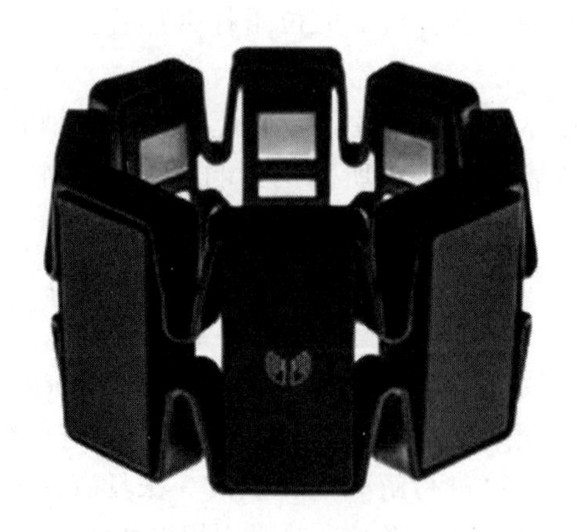

图 3-73　MYO 手环

(4)六维力/力矩传感器。

如图 3-74 所示，六维力/力矩传感器用来测量机器人末端操作器与外部环境相互接触或抓取工件时所承受的力和力矩，能够同时测量三个力分量和三个力矩分量，为机器人的力控制和柔顺运动控制提供力感信息，从而完成一些复杂、精细的作业，是实现机器人智能化的重要部件。

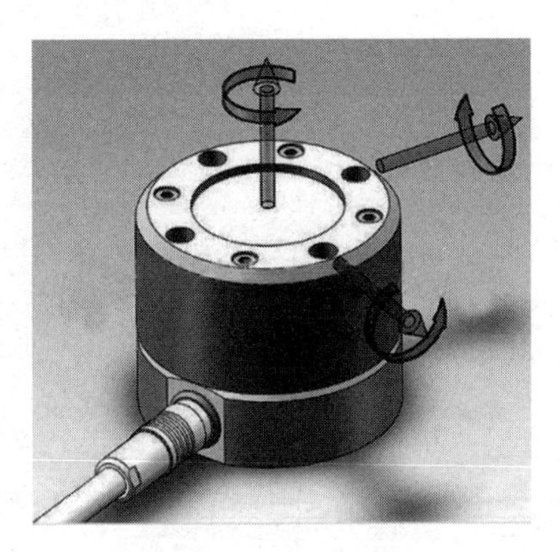

图 3-74 六维力传感器

(5)意图识别。

多传感器融合进行意图识别的原理：定义三种场景，即人将水杯递给机械臂，机械臂将水杯递给人，人和机械臂协同搬运物体，所以涉及三种宏观意图识别。

①人要将杯子递给机械臂。

②人要向机械臂接东西。

③人要去和机械臂一块搬东西。

宏观意图识别主要利用 Kinect2 相机进行骨骼追踪，并结合 MYO 手环获取手臂肌电信号。根据识别的意图，机械臂自主规划完成与人的交互和协同任务。

2)柔性控制

(1)柔性抓取。

柔性抓取是指机械手能够自适应抓取不同大小、不同刚度的物体，避免物体或者机械手被损坏。机械手本身没有力传感器，但可以使用电流反馈，电流随着抓取力的大小变化而变化，从而对机械手的抓取力进行反馈控制。

(2)协同柔性。

协同柔性是指人和机器人进行协同搬运时，机械臂知道人想要搬运的方向，从而可以更好地配合人完成任务，达到减小内力消耗的目的。协同柔性可以使用六维力矩传感器实现，通过检测人对物体施加力的大小和方向，进行反馈控制。

6. 实验步骤

(1)在终端启动相机节点，获取骨骼数据，输入：

```
$ roslaunch kinect2_tracker tracker.launch
```

(2)在终端启动 MYO 手环节点，获取肌电信号数据，如图 3-75 所示，输入：

```
$ roslaunch ros_myo myo.launch
```

(3)启动骨骼数据和肌电信号融合的算法节点，订阅骨骼数据和 MYO 数据，发布人的意图信息；这部分需要讨论确定方案，然后编写算法节点。

```
/home/yang/project/catch_bottle/uts_magic/src/launch/myo.launch http://localhost:11311
yang@yang-cp:~$ roslaunch ros_myo myo.launch
WARNING: Package name "UR5e_robotiq_moveit_config" does not follow the naming co
nventions. It should start with a lower case letter and only contain lower case
letters, digits, underscores, and dashes.
... logging to /home/yang/.ros/log/78780636-30e8-11ea-8aa9-b42e9967d364/roslaunc
h-yang-cp-25285.log
Checking log directory for disk usage. This may take awhile.
Press Ctrl-C to interrupt
Done checking log file disk usage. Usage is <1GB.

started roslaunch server http://yang-cp:37141/

SUMMARY
========

PARAMETERS
 * /rosdistro: kinetic
 * /rosversion: 1.12.14

NODES
  /
    myo_raw (ros_myo/myo-rawNode.py)

ROS_MASTER_URI=http://localhost:11311

WARNING: Package name "UR5e_robotiq_moveit_config" does not follow the naming co
nventions. It should start with a lower case letter and only contain lower case
letters, digits, underscores, and dashes.
process[myo_raw-1]: started with pid [25302]
Initializing...
scanning...
scan response: Packet(80, 06, 00, [CB 00 EA EA B7 EE DB C4 00 FF 1F 09 08 4D 79
20 4D 79 6F 00 00 02 01 06 11 06 42 48 12 4A 7F 2C 48 47 B9 DE 04 A9 01 00 06 D5
])
firmware version: 1.5.1970.2
device name: My Myo
```

图 3-75　启动 MYO 手环节点

（4）在终端启动机械臂控制节点和力传感器节点，订阅人的意图信息，控制机械臂完成递水动作；具体控制机械臂的算法需要依据讨论的方案编写节点，如图 3-76 所示，输入：

```
$ roslaunch ur_modern_driver ur5e_ros_control.launch
```

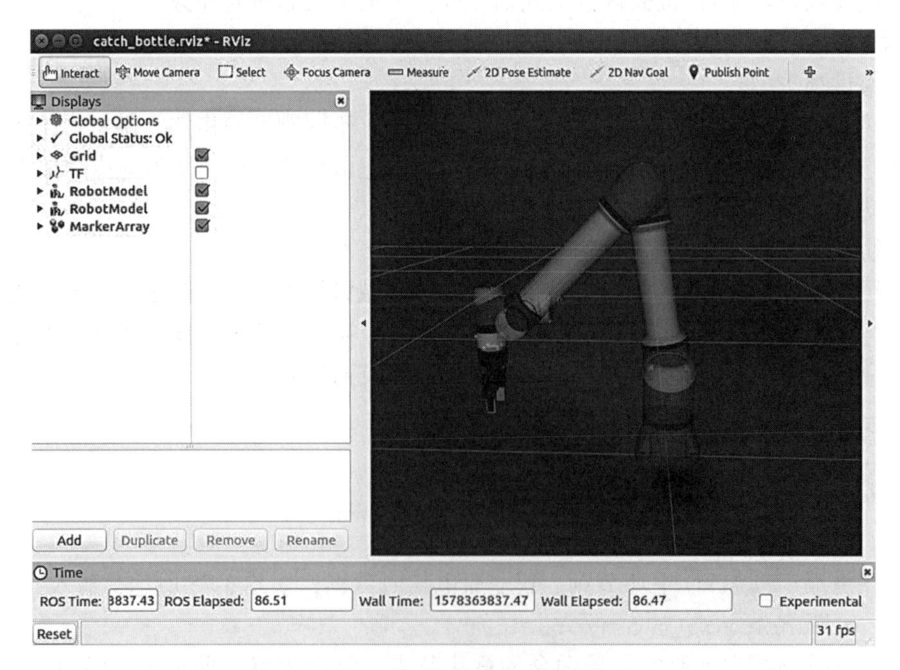

图 3-76　启动 UR 机械臂和力传感器节点

7. 思考题

(1) MYO 手环应该如何佩戴？不同的人佩戴以及佩戴在不同位置有什么影响？如何处理这种情况？

(2) 深度相机与普通相机有什么不同？Kinect 相机检测的原理是什么？

(3) 为什么协作机器人控制中要用到六维力传感器？如何处理六维力/力矩传感器原始数据？如何确定截止频率？

(4) 机械臂轨迹规划常用方法有哪些？说出它们之间的优缺点。

(5) 人机协作有什么独特优势？常用的意图识别和人机协作方法有哪些？结合实例总结分析。

8. 实验报告撰写要求

学生完成实验后应提交实验报告，实验报告内容应包括实验目的、实验设备、实验内容、实验步骤、实验记录和思考题。

参 考 文 献

[1]胡美丽，黄慧，睢琳琳．美国工科院校培养学生工程实践能力的经验及其启示[J]．当代教育科学，2015(15)：51-53.
[2]黄继英．国外大学的实践教学及其启示[J]．清华大学教育研究，2006(04)：95-98.
[3]刘莹，申永胜．美国加州大学圣地亚哥分校机械基础实践教学的模式与启示[J]．中国大学教学，2006(04)：57-59.
[4]张志颖，赵玉丹，余丹．中美高校实验教学模式比较优化的探索[J]．中国成人教育，2013(08)：136-138.
[5]安琦．英国大学机械类专业教学模式浅析[J]．化工高等教育，2003(01)：88-89，40.
[6]陈显平．传感器技术[M]．北京：北京航空航天大学出版社，2015.
[7]颜嘉男．伺服电机应用技术[M]．北京：科学出版社，2010.
[8]赵希梅．交流永磁电机进给驱动伺服系统[M]．北京：清华大学出版社，2017.
[9]龚仲华．交流伺服驱动从原理到完全应用[M]．北京：人民邮电出版社，2010.
[10]王敏．单片机原理及接口技术：基于MCS-51与汇编语言[M]．北京：清华大学出版社，2013.
[11]孙安青．MCS-51单片机C语言编程100例[M]．第2版．北京：中国电力出版社，2017.
[12]张万忠．电气控制与PLC应用技术：三菱FX系列[M]．北京：化学工业出版社，2012.
[13]吴强，周杨，荆振文．基于工控机的有轨电车售检票闸机系统设计[J]．城市轨道交通研究，2017，20(07)：69-72.
[14]周云波．串行通信技术：面向嵌入式系统开发[M]．北京：电子工业出版社，2019.
[15]周志敏．触摸式人机界面工程设计与应用[M]．北京：中国电力出版社，2013.
[16]龚仲华．工业机器人编程与操作[M]．北京：机械工业出版社，2016.
[17]刘敏．智能制造：理念、系统与建模方法[M]．北京：清华大学出版社，2019.
[18]李成进，王芳．智能移动机器人导航控制技术综述[J]．导航定位与授时，2016，3(05)：22-26.
[19]周兴社．机器人操作系统ROS原理与应用[M]．北京：机械工业出版社，2017.
[20]张军翠．先进制造技术[M]．北京：北京理工大学出版社，2013.
[21]徐兵，魏国军，陈林森．激光直写技术的研究现状与进展[J]．光电子技术与信息，2004，17(6)：1-5.